JN314106

地域環境政策

環境政策研究会 編

ミネルヴァ書房

　　　　　　　　　は　じ　め　に

　地球温暖化や生物多様性の危機，資源エネルギー問題，廃棄物対策など，環境汚染や環境被害はこの10年間にストックとして蓄積され，私たちを取りまく地球環境問題は地球規模に広がり，対策は，地球規模の環境問題を認識しながら国の環境政策に加えて地域環境政策へと進展していかなければならない局面が増大している。Think globally！　Act locally！は1990年代のスローガンであったが，2012年の今日，地球規模に広がった環境問題は地域に蓄積的な影響をおよぼし，その対策は新しい枠組みとしての地域環境政策を要請しているわけである。本書は，2001年に地域環境政策を問題意識として『地球環境問題と環境政策』（生野正剛・姫野順一・早瀬隆司編，ミネルヴァ書房）を出版した長崎大学大学院水産・環境科学総合研究科の政策研究のグループが，このような近年の新しい地球環境問題，すなわち地域環境問題の変化を踏まえ，「地域環境政策」に焦点を絞り，各分野の研究者が協力して新たに教科書として各論説を書き下ろしたものである。

　地域環境政策をとりあげた近年の著書として①淡路剛久監修・寺西俊一・西村幸夫編『地域再生の環境学』（東京大学出版会，2006年），②礒野弥生・除本理史編『地域と環境政策』（勁草書房，2006年），③秋田清・中村守編『環境としての地域』（晃洋書房，2005年）があげられる。①は日本環境会議が2000年に掲げたテーマの共同研究の成果であり，「環境再生を通じたサステイナブルな地域再生」という問題意識に貫かれている。監修者の淡路教授も指摘するように，この著書は1990年代以降顕著になった「環境汚染・環境被害のストック」に対処する地域の取り組みを解明した点で画期的であった。ここで取り上げられているのは水俣，琵琶湖，釧路湿原の環境再生であり，丹沢山地の自然保護であり，典型的な環境先進地域または大都市圏の都市計画や交通・環境対策である。②は公害問題が深刻であった足尾鉱毒事件の渡良瀬川流域や水俣，大気汚染が

深刻であった大都市周辺，不法投棄の香川県豊島，工業用地における土壌汚染が深刻な大阪・滋賀地域，海浜汚染の深刻な神奈川県川崎市，大型開発の開発の犠牲となった苫小牧・むつ小川原といった地域を取り上げている。この著書も典型的な公害地域の対策の遺産を検証している点で教訓的であり，学ぶところは大きい。また③は経済思想史と絡めながら地域マネジメントの一環として地域環境政策に迫っている。地域環境マネジメントの思想的・歴史的な型を解明した点で意義深い。

　本書は，これらに対比して一般地域における具体的な環境政策を論じているところに特色がある。公害問題が深刻であった地域の再生から学ぶところは大きいのであるが，いま問われているのは地域の一般的な環境政策であり，それと連動して地域の市民・住民ひとりひとりがどのように行動すればよいのかの地域環境政策の指針である。本書は，近年の新しい環境問題を踏まえ，各領域の研究者が協力してその課題に応えようとするものである。

　第Ⅰ部は「地域環境政策と法」の関係を取り扱う。
　第1章は，地域環境政策を理解する前提として，環境問題の国際的取り組みと我が国の地球環境問題に取り組む「地球環境保全」という環境政策の法的根拠が整理されている。そのための国際条約の事例として，野生動植物の保護に関するワシントン条約と有害廃棄物の越境移動を規制するバーゼル条約を取り上げ，発展途上国が内包する脆弱性と対比しながら，我が国の政策的対応力を説き明かしている。
　第2章は，地域における公害・環境紛争処理の諸制度の基礎を解説している。すなわち公害紛争処理の制度として市区町村等の公害苦情相談，都道府県の公害審査会や公害等調整委員会，裁判所による判決手続きを概観し，判決以外の紛争解決手法としてあっせん，調停，仲裁，裁定の意義を概説し，紛争の予防と解決手法が明らかにされている。これらは，公害・環境紛争の具体的な事例のなかで紛争処理の制度の専門性，迅速性，柔軟性といった意義と絡めて論じられる。

第Ⅱ部は「地域環境政策と経済」との関係に焦点があてられる。

第3章では，「グローバル・コモンズ」としての地球環境問題と環境経済政策との関係が解説されている。ここでは経済的インセンティブとして京都議定書に盛り込まれた「京都メカニズム」を事例とし，環境政策における経済的意義をクローズアップし，気候変動枠組条約下において国民的合意を妨げる緩和策として国内での適応が展望され，それがどのように割引率および費用便益分析を必要とするのかが説かれている。

第4章は，2010年に名古屋のCOP10で話題となった生物多様性の危機という地球規模の環境問題を取り上げ，危機を回避する対策として地域政策の重要性が論じられる。その場合，生態系サービスの新しい定義が重要である。この章では遺伝資源へのアクセスと利益配分に関する名古屋議定書と，2010年以降の生物多様性の保全目標を定めた愛知目標を解説し，地域における生物多様性保全の政策における「生態系サービスへの支払い」（PES）の意義が明らかになる。

第5章は，地域環境政策と地域再生を論じる。地域環境政策は持続的な地域形成と連動しなければならない。持続的な地域づくりのためにはコミュニティ形成の資源である社会資本と，環境資源である自然資本が結合したストック政策が重要である。この章では，地域環境政策と地域再生の関係を論じた代表的な主張を取り上げながら，国策と地域の計画および環境政策の関係が論じられる。また社会・自然資本形成に成功した自生的な地域環境政策の具体的な事例として大分県湯布院，宮崎県綾町，および大分県豊後高田のケースが紹介される。

第6章は，東日本震災と福島原発事故をきっかけとして重要な課題となった自然エネルギー推進と地域とのかかわりを明らかにしている。自然エネルギー推進の国際比較を踏まえて，全量買取制度に移行する我が国の電気事業に焦点を当てて，大規模・集中の電力供給システムから小規模・分散エネルギーの双方向ネットワークへの構造転換が説かれ，長崎県小浜の温泉エネルギーの事例を紹介しながら，スマートコミュニティへの展望が解明される。

第Ⅲ部は「地域環境政策と生活」が課題となる。

第7章で明らかにされるのは，地域における生活環境政策である。本章では地域の市民・住民の生活主体である家族に焦点が当てられ，欲求内容の変化，ライフスタイルの変容，たんなる消費者から「生産者と消費者が共生する」生活主体者への構造変換が明らかにされ，地域の持続に向けた地域生活者のアメニティが論じられる。その場合特に注目されているのはコミュニティ・ビジネスとしての町づくりである。

第8章は，地域における有機廃棄物循環に焦点を当てて，地域における「社会変換」を論じている。そこで成功した社会実験の事例として取り上げられるのは，「ごみ処理」を「地域農業の振興」という前向きの事業に転換した福岡県大木町の生ごみ・し尿循環の試みである。画期的な地域循環モデルにおける事業の費用対効果分析も重要な論点である。

第Ⅳ部は「地域環境政策と社会」に焦点を当てている。

第9章は，社会問題がどのように地域環境政策と関係するのかを明らかにする。その場合取り上げられるのは，ドイツのシュタットガルトにおける「緑の党」を中核とする「新しい社会運動」である。ここで解明されているのは社会学の理論的な整理を踏まえた，保守地域における「緑の党」躍進の分析である。そこでは「緑の党」を核としながら，保守・革新というフレームを超えた新しい社会運動と政治の主体の創出が析出されている。

第10章では，地域環境問題とコンパクトシティの形成をめざす地域計画が論じられている。地域計画は産業革命とともに悪化した都市の衛生環境を改善するために誕生したものであるが，その内容は歴史的・社会的・地域的な特性が盛り込まれる。この章では，日本における都市空間の変貌を説明し，それがどのように環境問題と関連しているのかを明らかにし，「フロー創出」から「ストック活用」へと変わるコンパクトシティとしての展望が描きだされている。

第11章は，地域環境政策がどのように観光と結びついているのかを屋久島のエコツーリズムの事例に沿って解明している。ここでは1993年に白神山地とと

もに国内初の世界自然遺産に登録された屋久島のエコツーリズムを取り上げ，エコツーリズムおよび世界自然遺産の理念と実際とのかい離が説明される。そこから持続可能な観光につながるエコツーリズムとして，地域住民を主体とした熟議，ガイドの登録・認定制度など地域主体のエコツーリズムの必要が説かれる。

　第12章のテーマは，公害・環境・持続的な開発をめざす地域における市民・住民の参加である。ここでは公害問題から環境問題に問題が深化し，利害関係者が多様化し，科学的な不確実性が高まってきたこと，問題は科学から価値に転換していることが説明される。このような環境問題をめぐる枠組みの変化を踏まえて重要となるのは，持続的開発に向けた格差のない公平性と民主主義である。そのような制度として行政と市民との地域における新たな対等な開放的・重層的関係が展望される。

　第13章は，地域環境政策を推進していく主体の倫理についての整理を試みている。そこで重要なのは社会技術の適正化であり，重要な視点は世代間の平等という倫理である。この章では具体的な事例としてCSR（企業の社会的責任）とSRI（社会的責任投資）をとりあげ，世代間倫理を踏まえたステークホルダー・マネジメントの重要性が説かれる。

　以上みてきたように，本書は最近の地球規模化した環境問題を踏まえた地域におけるホットな話題を取り上げ，これらをアカデミックな理論に絡めて地域環境政策の体系として明らかにしている。叙述は初心者にもわかるように心がけられ，近年の地域環境政策が概観できる教科書として編集された。学生には地域環境政策の入門書として，専門家には当該問題の整理として役立つことを期待している。また一般の市民・住民の方にも気軽に読んでいただける内容となっていると思われる。

2012年2月27日

編者代表　姫野　順一

地球環境政策　目次

はじめに

Ⅰ　地域と法

第1章　地球環境問題に対する法政策的対応……2
1　環境問題に関する国際的取り組みの経緯……2
2　わが国における地球環境問題の捉え方……4
3　地球環境問題への国際的・国内的対応……8
4　ワシントン条約の締結に関するわが国の政策決定過程……9
5　バーゼル条約の締結に関するわが国の政策決定過程……13
6　両条約への対応の比較……16
7　地球環境問題を学ぶ視点……17

第2章　地域における公害・環境紛争処理の諸制度の基礎……19
1　地域における公害・環境紛争……19
2　紛争の一般的な解決手法……20
3　公害・環境紛争処理のための諸制度の概観……22
4　公害・環境紛争の具体的事例……31
5　公害・環境紛争処理の諸制度の課題……33

Ⅱ　地域と経済

第3章　地球環境問題と環境経済政策……36
1　地球環境問題……36

2　グローバル・コモンズとしての地球環境問題……………………38
　　3　京都メカニズムと経済的手法……………………………………41
　　4　気候変動対策としての緩和と適応………………………………45
　　5　今後の気候変動と環境経済政策…………………………………49

第4章　生物多様性の危機と地域政策……………………………51
　　1　生物多様性の危機…………………………………………………51
　　2　生物多様性と生態系，生態系サービス…………………………53
　　3　生物多様性の危機とその対策……………………………………55
　　4　生物多様性の経済価値と主流化…………………………………59
　　5　地域政策としての生物多様性保全………………………………63

第5章　ストック政策としての地域再生と地域環境政策………67
　　1　人口動態と地域コミュニティの衰退……………………………67
　　2　地方再生の戦略……………………………………………………70
　　3　地方環境政策の展開………………………………………………74
　　4　地域再生の事例……………………………………………………78

第6章　自然エネルギー推進と地域………………………………82
　　1　エネルギー政策の転換と地域資源としての自然エネルギー…82
　　2　自然エネルギー推進策の現状と課題……………………………87
　　3　自然エネルギー大量導入に向けての構造変化…………………91
　　4　地球資源としての再生可能エネルギー…………………………94
　　　　――小浜温泉エネルギー活用と地域再生

III　地域と生活

第7章　地域における生活環境政策——まちづくり序説 …………… 100
1. なぜ地域生活環境政策論なのか …………… 100
   ——リスクに満ちた暮らしのなかで，幸せをめざすには
2. 増える食糧難民にどう対応すべきか …………… 108
3. コミュニティ・ビジネスがつくるサスティナブルなまち …………… 109
4. 持続可能なまちをめざして——まとめにかえて …………… 112

第8章　有機廃棄物循環と地域再生 …………… 115
1. 大木町の資源循環の取り組み …………… 115
2. 社会変換がつくる地域の循環 …………… 119
3. 循環事業の課題と展望 …………… 126

IV　地域と社会

第9章　社会問題と地域環境政策 …………… 130
1. 社会問題と公共圏 …………… 130
2. 社会問題と社会運動 …………… 132
3. 保守的な地域における環境運動 …………… 138

第10章　地域環境問題と地域計画 …………… 145
1. 地域計画とは？ …………… 145
2. 戦後の日本における都市空間の変ぼう …………… 147
3. 「環境の時代」における都市像 …………… 151
4. コンパクトシティを実現させるための方法 …………… 153
5. 「フロー創出」から「ストック活用」の地域計画へ …………… 163

第11章　地域と観光──屋久島の現状から考える　165
1　地域環境と観光　165
2　屋久島におけるエコツーリズム　170
3　持続可能な観光としてのエコツーリズムとは　177

第12章　公害・環境・持続可能な開発──地域参加　179
1　公害問題から環境問題へ──価値と科学的不確実性との遭遇　180
2　環境問題から持続可能な開発へ──公平性と民主主義との出会い　184
3　科学的不確実性，利害関係の多様化そして格差のない公平性　190
4　今後の実践のために　196

第13章　環境政策学と環境倫理　198
1　哲学・倫理学と環境政策学とのすれ違い　198
2　文学部における倫理学の特異性　199
3　応用倫理学とは何か　200
4　科学技術社会論から社会技術へ　204
5　将来の「環境倫理」　208

索　引

I　地域と法

第1章
地球環境問題に関する法政策的対応

　地球環境問題とは何だろうか。その発生機序に着目して「自然界の物質循環に人間活動が影響を及ぼし、それを改変するだけの力をもつにいたったことから、物質循環に異常が生じている問題」（天野，2002，10頁）とする説明もある。また、地球環境問題という語が用いられる場によって意義が異なるとしつつ、広義には「およそ地球上に生ずる環境問題はすべて」該当しえ、狭義には「その影響がある特定の国、地域にとどまる環境問題とは区別される」とする説明（新藤，2000，3頁）もある。論者によって、地球環境問題の捉え方はさまざまである。

　本章では、まず地球的規模での環境問題についての国際的関心が高まった経緯を簡単に振り返るとともに、わが国の環境政策がいかなる問題事象を地球環境問題と捉え、法律上に位置づけるに至ったかを概観する。

　その後に、地球環境問題に関する国際的な対策枠組みである地球環境条約の生成とわが国の対応の特徴について、「絶滅のおそれのある野生動植物の種の国際取引に関する条約」（ワシントン条約）、「有害廃棄物の国境を越える移動及びその処分の規制に関するバーゼル条約」（バーゼル条約）を事例として、考察することとする。

1　環境問題に関する国際的取り組みの経緯

　1972年スウェーデン（ストックホルム）で開催された国連人間環境会議は、国連レベルで初めての環境会議として関心を集めた。この会議では、人間環境宣言が採択され、環境保全のためにとるべき行動の原則を示すなどの成果をあげ、各国が環境問題への対応を進める大きな契機となった。

また，国連人間環境会議での議論を踏まえて，ワシントン条約，いわゆる世界遺産条約の交渉が進展し，環境保全に関する国際条約の生成が見られた。

　1973年の環境白書は，環境問題を人類的課題と位置づけ，その特徴として，国境を越えて広がり，地球的規模での環境汚染が進行してきていることをあげ，具体的にはヨーロッパで顕在化しつつあった酸性雨，大気中の二酸化炭素濃度の増加を指摘している。このように，地球規模の環境問題に対応するために国際的な取り組みが必要であることは，わが国政府の認識になっていた。

　しかし，その後の世界各国の取り組みは，石油ショックによる景気後退の影響もあり，発展し続けたわけではない。わが国も，国内の激甚な産業公害への対策は効果をあげたものの，1970年代後半以降は環境政策の後退期・停滞期とも言われる時期に入る。国際的な取り組みに関しても，ワシントン条約の採択直後から締結に向けた検討が開始されたにもかかわらず，実際の締結までに7～8年という長期間を要するなど，対応が鈍化した。

　このような環境政策の閉塞状況は，「環境と開発に関する世界委員会」（ブルントラント委員会）の設置及び同委員会の「持続可能な開発（Sustainable Development）」概念の提唱，さらには，オゾン層の減少，地球温暖化などの差し迫った現実の課題への対応の必要性によって，1980年代以降に変化する。1985年に「オゾン層の保護のためのウィーン条約」（ウィーン条約），1987年に「オゾン層を破壊する物質に関するモントリオール議定書」（モントリオール議定書）が採択され，これらの国際約束が，地球規模の環境問題に対する国際的取り組みの法的枠組みのモデルとなった。

　わが国も，1988年にウィーン条約及びモントリオール議定書を締結した際に国内担保法として「特定物質の規制等によるオゾン層の保護に関する法律」（オゾン層保護法）を制定するなど，1980年代後半以降，国際環境条約と国内担保法による政策形成が進展するようになる。

　国際社会においては，1992年の国連人間環境会議（地球サミット）を交渉のゴールとして念頭に置き，新たな環境国際条約の交渉が進展した。「国連気候変動枠組条約」，「生物の多様性に関する条約」が採択され，地球サミットにお

いて多数の国がこれに署名を行った。また、地球サミットで採択された「環境と開発に関するリオ・デ・ジャネイロ宣言」、行動計画「アジェンダ21」を踏まえて、1994年には「深刻な干ばつ又は砂漠化に直面する国（特にアフリカの国）において砂漠化に対処するための国際連合条約」（砂漠化対処条約）が採択された。

わが国においては、地球サミット後の1993年に、環境基本法が制定された。同法は持続可能な開発を環境政策の理念として規定するとともに、地球環境保全の推進を規定している。また、わが国は多くの地球環境条約を締結し、国際的協調の下に地球環境の保全に向けた取り組みを進めるに至っている。

2 わが国における地球環境問題の捉え方

(1) 地球環境問題の分類に関する考え方

「地球環境問題」という言葉は、一般的には、①その影響が一国内にとどまらず国境を越え、あるいは地球規模にまで広がっている問題事象だけではなく、②開発途上国において発生しており、その解決のために国際的な取り組みが求められている公害問題を含めた総称として用いられている。

政府が毎年国会に提出する環境白書は、閣議決定を経る政府の公式文書であり、その内容は関係省庁間の調整を経た政府見解である。1988年の環境白書は、主な地球環境問題を、その影響の及ぶ地理的範囲から分類し、「地球的規模の環境問題」（温室効果、オゾン層破壊、海洋汚染、熱帯林の減少、砂漠化、野生生物の種の減少など）、「国境を越える環境問題」（酸性雨、地域海・国際河川の汚染、有害廃棄物の越境移動など）、「開発途上国の公害問題」に分類している。

さらに同白書は、わが国の資源輸入等の貿易、わが国内の生産消費等の諸活動、わが国の海外直接投資等の海外活動が、さまざまな面で地球環境に影響を及ぼしうることを論じている。

（2）政府による「地球環境問題」の整理と法令上の「地球環境保全」

　オゾン層保護，地球温暖化などの環境問題に国際的な関心が高まり，主要先進国首脳会議（サミット）の主要議題に位置づけられるようになると，わが国政府においても地球環境問題に関する政策決定機関の必要性が認識され，1989年，「地球環境保全に関する関係閣僚会議」が設置された。

　同閣僚会議は，同年5月「地球環境保全に関する施策について」の申合せを行い，政府としての取り組みの方向性を示している。その際，申合せの添付資料に，地球環境問題として，オゾン層の破壊，地球の温暖化，酸性雨，有害廃棄物の越境移動，海洋汚染，野生生物の種の減少，熱帯林の減少，砂漠化，開発途上国の公害問題の9事象を掲げた。この後，わが国の環境政策においては，この9事象が典型的な地球環境問題として扱われることとなる。

　一方，法令上の用語として初めて「地球環境」の語が現れるのは，1990年に環境庁地球環境部が設置された際のことである。環境庁組織令（政令）のなかに，地球環境部の所掌事務として「地球環境の保全」の語が用いられ，その意味するところは「本邦と本邦以外の地域にまたがって広範かつ大規模に生ずる環境の変化に係る環境の保全」とされた。

　その後，1993年に制定された環境基本法においては，その第2条第2項において，「地球の全体又はその広範な部分の環境に影響を及ぼす事態に係る環境の保全」であって，「人類の福祉に貢献するとともに国民の健康で文化的な生活の確保に寄与する」ものを「地球環境保全」とした。この環境基本法の定義も，環境庁組織令と同様に，事象の物理的・地理的スケールに着目している。

　この「地球環境保全」の対象となる具体的課題は，地球環境関係閣僚会議で合意された9事象から開発途上国における公害問題を除いた8事象を含む，とされた。開発途上国の公害問題が除外されたのは，地球全体ないし広範な部分の環境に影響を及ぼさず，物理的・地理的スケールの要件に該当しないためである。

　一方で，「開発途上国における公害問題」や，南極や世界自然遺産など国際条約等によって「国際的に高い価値が認められている環境の保全」は，「地球

環境保全」には該当しないながら、これらの課題についても環境基本法の施策対象とすることが適切であるため、環境基本法第32条第1項において国際協力を推進すべき旨が規定されており、同条第2項において、地球環境保全と併せて「地球環境保全等」と総称されている。

(3)「蔓延論」と開発途上国の構造的脆弱性

開発途上国における公害への国際協力を、わが国が取り組むべき課題として環境基本法に位置づける際に用いられた考え方は「蔓延論」と称されている(塚本, 1994)。

蔓延論は、開発途上国の環境問題は、それぞれの国内で、それぞれ無関係に発生しているように見えるが、それらの根底に「急速に開発を進めつつある状況と環境保全に係る対処能力の不足という共通の構造」が隠されており、このような構造が放置されるならば地球上の多くの開発途上地域に環境問題が蔓延し、地球全体の生態系に重大な影響を生じさせるおそれがある、という認識に立つ。蔓延論は、急速な経済開発、環境保全に関する対処能力不足という、開発途上国の体質とも言うべき構造的脆弱性を指摘し、わが国を含む先進国は、このような構造的問題を解決するための環境国際協力を進める必要があると論ずるのである。

蔓延論は、開発途上国内の環境問題を環境基本法に基づく国際環境協力の対象とするための議論であり、政府部内における直接的な使命は終えているが、開発途上国の構造的脆弱性は現在でも解消されていない。むしろ、蔓延論が開発途上国の環境問題について指摘したような問題発生構造を、他の地球環境問題についても認識することが必要である。このような観点から、以下、開発途上国が有する構造的脆弱性について考察する。

(4) 地球環境問題の類型的把握

前述のように、環境基本法上の「地球環境保全」の概念は、地理的・物理的スケールによって定義されているが、それぞれの問題事象の発生構造は一様で

はない。以下，便宜的に2つの類型に分けて把握してみよう。

①まず，環境負荷となる物質の排出と拡散により発生する問題事象がある。たとえば，二酸化炭素，フロン類，二酸化硫黄等の物質の人為的な排出と拡散によって，それぞれ地球温暖化，オゾン層破壊，酸性雨が国境を越えて発生する。

これらの問題事象については，発生源国が対策を講ずるべきであり，それは先進国であると開発途上国であるとを問わない（たとえば，1992年のリオ宣言第2原則を参照）。発生源国が多数にのぼる場合には，対策の協調性，公平性が要求される。各国が具体的に採るべき対策については，多数国間条約が締結されることがある。

また，地球温暖化のように一定の環境変化の発生が相当程度確実である場合には，その影響への適応対策が必要になる。特に開発途上国は，環境条件上その環境変化の影響を受けやすいという意味で環境的脆弱性に直面する場合がある。また，適応対策を実施するための財源や技術に欠けるという経済社会的脆弱性をもつ場合が多い。このため，開発途上国における適応対策への支援が要請され，国際協力による対応が必要となる（リオ宣言第6原則を参照）。

このように開発途上国は，その構造的脆弱性によって，環境変化の影響を強く受ける場合がある。

②次に，開発途上国の脆弱性に起因して，複数の国において共通の環境劣化が生ずる問題事象がある。たとえば，輸出用に野生動植物を乱獲することによって生ずる種の減少や絶滅，他国の廃棄物を受け入れることによって生ずる環境汚染，環境対策に関する技術的・制度的立ち後れによる公害発生などが，開発途上国における共通の課題となっている。

外貨獲得目的で，希少野生動植物を乱獲し輸出することや，処理能力がないにもかかわらず他国の有害廃棄物を有償で受け入れることは，その国の経済的脆弱性に起因する。また，政府の対処能力不足によって国内の公害や自然破壊を防止できないという制度的・政策的脆弱性も指摘できる。もちろん，これらの脆弱性が競合する場合もあろう。

このように開発途上国は、その構造的脆弱性によって、自ら地球環境問題を発生させる場合がある。

以上のように、①と②の類型に共通して、開発途上国の構造的脆弱性の解消が求められる。蔓延論が開発途上国の公害について指摘したように、開発途上国が有する構造的脆弱性を放置すれば、最終的に地球全体に環境影響が拡散するおそれがある。地球環境問題については、脆弱な国に犠牲を強いておれば他の国は安泰、というわけにはいかない。このため、地球環境問題の発生構造を分析し、特定の国とりわけ開発途上国の構造的脆弱性が問題となる場合には、その解消に向けて国際社会が協力することが必要となる。

その具体的な対策手法は問題事象ごとに異なり得る。たとえば、希少野生動植物の保護や、有害廃棄物の越境移動対策のように輸出入規制が効果的な場合もあり、また、開発途上国政府の環境上の制度的・政策的能力の向上を目的とする政策対話のように政府間協力が効果的な場合もある。地球温暖化の「適用基金」のように、国際基金の設置が有効な場合もある。国際協力の枠組も、対策手法に応じて、条約の採択を要する場合もあろうし、多数国間ないし二国間の行政協定が効果的な場合もある。

3 地球環境問題への国際的・国内的対応

本章はここまで、わが国における「地球環境問題」の概念、またこれへの法的対応としての「地球環境保全等」という概念について概観してきた。これらの語は1980年代以降のオゾン層破壊、地球温暖化といった問題事象の顕在化に対応するため、さらにいえば、1989年に地球環境関係閣僚会議において対応の必要性が認識された9事象をわが国の環境政策に位置づけるための、実践的政策的な概念といえる。

地球環境問題への対応は、国際協力の下に進められる必要があり、具体的には、国際条約の採択をめざした外交活動、国際条約等の締結と国内実施、多国

間・二国間の枠組みを通じた資金援助や技術協力等，さまざまなものがある。

その一環として，従来わが国は，地球環境条約を締結することにより国内法化すると同時に，国内担保措置を行うことにより条約上の義務を履行するという方式で，地球環境問題への対応を進展させてきた。その傾向は，オゾン層保護のためのウィーン条約，モントリオール議定書を批准するとともにと，それに併せてオゾン層保護法が制定された1980年代後半以降とりわけ顕著である。

ただし，国際環境条約の締結と国内担保法の制定によって環境政策を牽引するという方法が従来常に有効に機能してきたわけではなく，1970年代から1980年代にかけて，わが国が国際環境条約に違反しているとの批判を浴びてきた事例もある。

本章では，以下，地球環境問題に対する法政策的対応を論ずるが，ワシントン条約とバーゼル条約のわが国の締結及び国内実施に関する政策形成過程を概観し，その過程で地球環境問題という概念の果たした役割を考察する。

4　ワシントン条約の締結に関するわが国の政策決定過程

(1) ワシントン条約の採択とその概要

地球上の野生動植物は，狩猟，採取，生息地の破壊等の人間活動の影響によって圧迫され，多くの種が絶滅の危機に瀕している。とりわけ20世紀後半に入ってからは，種の絶滅速度が上昇しているとされる。第二次大戦後は，南北の経済格差を反映して，野生動植物の主な生息地であるアフリカ，アジア等の開発途上国から先進国に向けて，原材料用，観賞用等の目的で野生動植物が輸出されるようになり，これらの地域での野生動植物種の個体数の減少，絶滅が危惧されるに至った。このため，野生動植物の種の減少は，南北問題としての性格を有すると指摘される。

1960年代の国際自然保護連合（IUCN）における国際条約の検討開始，1972年の国連人間環境会議での勧告採択等の国際的動向を受け，1973年にワシントン条約が採択された。

ワシントン条約は，野生動植物が過度に国際取引に利用されることのないよう，附属書Ⅰ，Ⅱ，Ⅲに掲載される種を対象とし，輸出入等を規制する。わが国が輸入国となる場合，附属書Ⅰ掲載種については輸出許可書及び輸入許可書が必要であるが，主として商業的目的の輸入については輸入許可書を発給しない。附属書Ⅱ掲載種の輸入については輸出国の輸出許可書を要し，附属書Ⅲ掲載種の輸入については輸出許可書または原産地証明書を要する。このように条約が要求する必要書類がなければ，条約対象種の輸入は許されない。

（2）わが国の条約締結に向けての検討

　わが国は，1973年のワシントン条約の採択直後から，政府部内において条約締結に向けた関係省庁による検討を開始している。

　わが国が地球環境問題に関する条約を締結する場合，条約上の義務履行を担保するために必要な法律（国内担保法）を制定することが多い。

　一方で，既存国内法によって条約の履行が確保されていれば，新たな立法は不要である。たとえば，残留性有機汚染物質に関するストックホルム条約の締結に際しては，化学物質審査規制法等の既存国内法に基づいて国内担保することが可能であったため，立法措置は講じられていない。

　条約上の義務が既存の国内法で担保可能であるかどうか，担保可能でない場合にはどのような立法措置が必要かについては，政府部内において，関係省庁が所管する既存国内法について，法令と条約の関連条文を逐語的に対比しつつ精査する。

　ワシントン条約の国内担保措置に関しては，野生動植物の種を絶滅から保護するという環境政策上の観点，条約附属書対象種の輸出入を規制するという貿易管理の観点からの検討が行われている。検討開始直後には，環境政策上の観点からの新規立法も検討されたが，貿易管理の観点から既存の外為法及び関税法に基づく措置によって担保可能との立場に傾き，新規立法は行われなかった。

　希少な野生動植物の種の保全を図るという同条約の環境政策的側面からすれば，その政策を実施する政策的意図は環境庁から発せられるべきとも考えられ

る。ところが，当時の環境庁は，鳥獣保護法等の野生動物保護に関する法律を所管していたものの，自らの所掌事務は日本国内の野生動物の保護にあると判断し，ワシントン条約を批准して国内的に実施するという政策意図を有しなかった。結果的に，ワシントン条約に関しては，その貿易管理政策的側面からの対応がなされることとなった。

（3）わが国に対する国際的非難と政府の対応

　わが国は1980年にワシントン条約を受諾したが，同条約の履行確保は，対象種の輸出入を管理する観点から，外為法，関税法等の適用によることとなり，具体的には税関における水際規制によることとなった。しかしながら，条約対象種が条約に違反していったん国内に持ち込まれると，わが国内での譲渡し，譲受け等を規制する法的手段はなかった。こうしたことから，附属書Ⅰ対象種であり商業目的での輸入が禁止されているシロテテナガザル，アロワナが市中で販売のため陳列されるなど条約違反事例が発生し，わが国の条約実施体制に不備があるとして国際的な非難が浴びせられることとなった。

　国際的な日本非難として大きな影響を与えたものとして，1984年10月に開催された本条約のアジア・オセアニア地域セミナーにおける決議がある。本セミナーにおいては，日本に対して条約の履行改善を求める決議が採択された。またこのセミナーの直後に来日した英国エジンバラ公が10月18日に中曽根康弘総理大臣（当時）と会談した際，日本のワシントン条約対応の改善が話題となった。その翌日19日の閣議において，総理から関係閣僚に条約対応の改善が指示された。

　総理の指示を受け，政府部内に当時の関係省庁（内閣，外務省，通産省，大蔵省，環境庁，農林水産省，厚生省）の局長によるワシントン条約関係省庁連絡会議が設置された。同連絡会議は条約実施の改善策について検討し，1985年3月28日に検討結果報告をとりまとめている。そのなかには，中長期的課題として国内法制の検討が含まれていた。

　これを踏まえて，1987年「絶滅のおそれのある野生動植物の譲渡の規制等に

関する法律」が制定され，附属書Ⅰ掲載種の国内流通が規制されることとなった。

それでもなお，条約に違反して国内に持ち込まれた条約対象種を原産国に返還するための明示の規定がないなどの問題点があったため，1992年には，同法を廃止し，新法として「絶滅のおそれのある野生動植物の種の保存法」が制定されている。この新法は，ワシントン条約との関係では，違法輸入者等に対しては主務大臣が原産国への返還等の措置を命令することができることとする規定を盛り込むなど，条約の国内実施措置を強化するものとなっている。

また，1989年の第7回締約国会議において，わが国が次回の締約国会議を承知する意志を表明し，1992年の京都会合をホストするなど，ワシントン条約に関して積極的な国際貢献を企図するようになっている。

(4) 小 括

ワシントン条約に関しては，条約締結の検討開始直後の時期に環境庁が新法制定を企図したことに見るように，環境政策のイニシアティブが発揮されようとしていた。ところが，そのイニシアティブは不徹底となり，貿易管理政策の観点からの条約担保措置が講じられた。

その後，わが国の条約履行が不十分であるとの国際的批判を受けて，条約実施体制の改善がわが国の課題となり，その一環として国内譲渡等の規制法の企画立案が迫られ，ようやく受動的ながら環境政策のイニシアティブが発揮されはじめた。

さらに，野生動植物の種の減少が地球環境問題の一つであることが明確にされたことにより，国内担保措置の整備，国際会議の誘致など，環境政策からのイニシアティブが格段に積極化したといえる。

地球環境問題への対応には国際協力が必須であり，地球環境条約のような国際的枠組が重要な役割な役割を果たす。一方，地球環境条約がその所期の効果を発揮するには，それぞれの締約国における環境政策の担保が必須である。ワシントン条約のような早い時期の地球環境条約に対応する過程では，その認識

が十分であったとは言い難く，ワシントン条約の国内担保措置も不完全なものとなった。地球環境問題という概念は，環境政策に対するそれまでの政府の認識の変更を迫り，地球環境条約への対応の改善を要求するものであったとも言えよう。

5　バーゼル条約の締結に関するわが国の政策決定過程

(1) 国際的な問題認識とOECDによる検討

　有害な廃棄物の国境を越える移動は，1970年代から欧米諸国を中心として生じていた。特に有名な事件として，イタリアのセベソの農薬工場の爆発により工場周辺の土壌がダイオキシンに汚染され，その汚染土壌をドラム缶詰めにして保管していたところ，このドラム缶が1982年に行方不明となり，翌年に北フランスで発見されたという，いわゆる「セベソ事件」がある。

　有害廃棄物の越境移動問題について，1980年代以降いち早く対策の検討を開始したのは経済協力開発機構（OECD）であり，1984年，「有害廃棄物の越境移動に関する理事会決定及び勧告」（以下，1984年決定・勧告」という。）を採択した。1984年決定・勧告は，輸出国，輸入国等の関係国の同意が有害廃棄物の越境移動の条件とされている点は，後に成立するバーゼル条約と共通する。

　この後もOECDにおける検討は継続し，1986年6月には，「OECD地域からの有害廃棄物の輸出に関する理事会決定・勧告」（以下，1986年決定・勧告」という。）が採択され，OECD地域から域外への輸出規制を決定している。

(2) OECD決定・勧告へのわが国の対応

　まず，1984年決定・勧告を受けたわが国政府の対応として，「廃棄物の処理及び清掃に関する法律」を所管する厚生省の通達により，都道府県知事等が産業廃棄物の搬出や搬入の計画を把握した場合には，関係事業者に対する内容確認を行う等の行政指導による対応を行うこととした。

　一方，1986年決定・勧告については，当該決定・勧告がOECD諸国以外へ

の有害廃棄物の輸出禁止を求めているのに対して，わが国政府は，①すでに行政指導による実質的な規制を行っている，②わが国からの有害廃棄物輸出は特殊事例にとどまる，との国内事情を理由として，有害廃棄物の輸出入に関する法的規制措置の導入には消極的な立場を採り，当該決定・勧告への立場を留保した。

(3) UNEPによる検討と条約採択，条約の概要

前述のとおり，有害廃棄物の越境移動についてはOECDにおける検討が進められていたが，1984年以降，国連環境計画（UNEP）が有害廃棄物の規制のためのガイドライン等の検討を開始し，1987年には，国際協定の締結を行うための作業部会を設置した。この翌年の1988年には，ナイジェリアのココ港付近の船置き場にイタリアからの有害な廃棄物が搬入，投棄されていたことが判明した。いわゆる「ココ事件」である。ココ事件は，先進国で生じた有害な廃棄物がアフリカ等の開発途上国に移動した典型的な事例であり，このような事例が増加すると，条約交渉過程においても先進国と開発途上国の間で対立が生ずることとなる。実際に，アフリカ諸国の強硬な態度もあり条約交渉は難航するが，1989年3月22日，バーゼル条約が採択された。

バーゼル条約は，有害廃棄物の国境を越える移動について，締約国間で事前通告・同意を行うことを要求している。わが国から条約対象となる有害廃棄物を輸出しようとする場合であれば，わが国から輸入国に対し，書面によって移動の計画を通告しなければならず，輸入国がこれに同意しない場合には，わが国は当該輸出を許してはならない。条約違反の輸出がなされた場合は，最終的にわが国が責任を負う。

(4) バーゼル条約締結に向けた検討の経緯

バーゼル条約採択直後の1989年5月，政府の「地球環境保全に関する関係閣僚会議」の申合せが行われ，有害廃棄物の越境移動が地球環境問題として位置づけられるとともに，バーゼル条約に関しても積極的に対応することが盛り込

まれた。このような政策的動向を背景として，環境庁，厚生省は，条約の締結を前提として，条約の国内担保のために必要な国内法制度の検討を開始している。

一方で，外務省は，国内担保に関連する国内省庁間の調整が整い国内担保制度の確保がなされるとの条件が実現しなければ，バーゼル条約締結手続を進めないとの立場を示していた。このため，環境庁，厚生省，通商産業省の三省庁が，外務省に対し，連名で条約締結手続の開始を要請し，これを受けて外務省において正式な条約締結手続が開始されることとなった。

外務省による条約条文の翻訳・解釈の検討と並行して，関係省庁による国内担保法案の協議が行われた結果，バーゼル条約の締結と国内担保法案について調整が終了し，1992年12月，バーゼル条約の締結が国会で承認されるとともに，バーゼル法も成立した。これにより，有害廃棄物の越境移動という地球環境問題の一つについて，わが国として国際協調の下に取り組みを進める法的枠組みが形成された。

(5) 小 括

有害廃棄物の越境移動問題に関しては，1986年のOECD決定勧告への対応に見られるように，関係省庁は当初，既存の国内法による対応を企図し，有害廃棄物の越境移動に対する国際的枠組に積極的に参加する政策的意図を有しなかった。

ところが，バーゼル条約が採択された1989年には，地球環境問題に対する国際的・国内的な関心が高まりを見せており，同年の地球環境関係閣僚会議の申合せにもバーゼル条約への積極的対応が盛り込まれた。関係省庁は，これらの動向を梃子として，有害廃棄物の越境移動問題に対する従来の消極的立場を転換し，国内法制度の整備を含め積極的に対応する方針を採ったものと考えられる。有害廃棄物の越境移動を地球環境問題の一つとして性格付けることにより，環境政策の推進力としたものということができる。

6 両条約への対応の比較

ワシントン条約とバーゼル条約へのわが国の対応を比較して、本節では以下、その相違点と共通点を指摘する。

(1) 対応の相違点

まず両条約への対応については、国内省庁によるイニシアティブのあり方に大きな相違点があった。

ワシントン条約については、1973年の条約採択直後に新たな国内担保法の制定も含めて検討が開始されており、環境政策からのイニシアティブが発揮されようとしていた。ところが、この新法構想は、関係省庁間で積極的な調整も行われず、不徹底なものとなった。また、ワシントン条約対応自体が環境庁の所掌事務を越えるとの認識がなされ、1980年の条約締結に際しては、貿易管理政策の観点から既存の国内法による条約担保措置が行われることとなった。このことが後にわが国に対する国際的批判を生む一因となった。

バーゼル条約については、OECD決定・勧告の検討採択段階では既存国内法による対応が志向されていたが、条約採択の直後から廃棄物処理担当である環境庁及び厚生省による国内担保法の検討が積極化し、外務省等を巻き込んで、政府部内で短期集中的な検討が行われた結果、条約締結と国内法制定が実現している。

両条約への対応は対照的であり、地球環境条約への対応を進めるためには国内省庁のイニシアティブが重要な意義をもつことが明らかとなる。

(2) 対応の共通点

両条約への対応は、いずれも、地球環境問題に対応する国際的枠組として位置づけられることによって政策的対応の推進力を得た点で共通する。

ワシントン条約については、1970年代後半から1980年代前半にかけての時期、

国外の絶滅危惧種の保護はわが国の環境政策上の課題とは扱われず，条約対応も消極的であった。ところが，1980年代末以降，野生動植物の種の減少が地球環境問題と位置づけられることによって，ワシントン条約に対応するための国内法制の再整備，わが国の対外的プレゼンスの改善が志向されることとなった。

バーゼル条約についても，OECDにおける検討の段階では，有害廃棄物の越境移動問題にわが国が関与することが少ないという実態もあり，国内法を作るまでの必要がないとの議論もなされていた。ところが，バーゼル条約の採択前後の時期，地球環境問題として位置づけられることにより，新規立法に結びついた。

両条約とも，地球環境問題に対応する国際的枠組として政府部内における認識が統一されることによって，政策的対応の推進力が生まれている。地球環境問題の概念は，わが国の環境政策を前進させる大きな効果をもつものだったと考えられる。

7　地球環境問題を学ぶ視点

地球環境問題は，第2節（4）に前述したように，それぞれの問題事象ごとに発生の構造が異なっている。このため，それぞれの問題ごとに，環境上の発生メカニズムの解明と法政策的対応を検討するのみならず，経済的，政治的，歴史的背景を分析することも必要である。地球環境問題は，政治学，経済学，社会学等の関連分野の視点からも探求されるべき課題である。

特に環境法政策の分野においては，国際法学の立場から多数国間条約の形成過程，その内容が検討されるべきであるし，同時に，環境法学の立場から条約の国内担保法制等が検討される必要がある。また，地球環境問題の影響はわが国民ひいては世界各国にも及びうることから，本稿が2つの地球環境条約を素材として試みたように，わが国の地球環境問題を巡る政策がいかなる政策決定プロセスを経て形成されているのかも明らかにされるべきである。わが国政府内部の政策決定過程は従来ブラックボックスであったが，地球環境政策の決定

過程には透明性が求められる。

　そして，いずれの立場から探求する場合であっても，地球環境問題への対応には，それぞれの問題事象の構造に着目し，開発途上国が構造的に内包する脆弱性を解消するとの視点が求められるだろう。

参考文献
青木健・馬田啓一編著『貿易・開発と環境問題』文真堂，2008年。
宇都宮深志『環境理念と管理の研究』東海大学出版会，1995年。
環境省総合環境政策局総務課編著『環境基本法の解説』（改訂版）ぎょうせい，2002年。
環境庁編『地球化時代の環境ビジョン』大蔵省印刷局，1988年。
城山英明・鈴木寛・細野助博編著『中央省庁の政策決定過程——日本官僚制の解剖』中央大学出版部，1999年。
新藤雄介『地球環境問題とは何か』時事通信社，2000年。
竹内恒夫・高村ゆかり・溝口常俊・川田稔編『社会環境学の世界』日本評論社，2010年。
塚本直也「環境基本法の制定と国際協力の推進」ジュリスト1041号，1994年。
寺西俊一『地球環境問題の政治経済学』東洋経済新報社，1992年。
西井正弘編『地球環境条約』有斐閣，2005年
森田恒幸・天野明弘編『地球環境問題とグローバルコミュニティ』岩波書店，2002年。

　　　　　　　　　　　　　　　　　　　　　　　　　　　　（菊池英弘）

第 2 章
地域における公害・環境紛争処理の諸制度の基礎

　大気汚染，水質汚濁，土壌汚染等環境問題をめぐる紛争が発生した場合，いかなる制度の下でいかなる解決手法があるのか。本章では，公害・環境紛争処理のための諸制度として，市区町村等による公害苦情相談，都道府県公害審査会や公害等調整委員会による公害紛争処理制度，裁判所による裁判手続を概観する。また，判決以外の紛争解決の手法として，あっせん，調停，仲裁，裁定の意義を概説する。公害・環境紛争処理のための諸制度について理解することで，紛争を予防し或いは具体的に紛争に直面したときの解決手法を明らかにすることを目的とする。

　公害・環境紛争の具体的事例を取り上げながら，特に公害紛争処理制度の意義（専門性，迅速性，柔軟性等）を考察し，最後に公害・環境紛争処理のための諸制度の課題について指摘する。

1　地域における公害・環境紛争

　環境問題をめぐる紛争の原因となる事象はきわめて多数存在する（公害紛争を含めて環境問題をめぐる紛争を以下「公害・環境紛争」という）。そのうちいくつかの事象を例示すると，平成20年度における騒音規制法上の騒音特定施設数は151万2755機と昭和58年度の131万5334機よりも増加している（環境省総合環境政策局，2010，227頁）。また，平成20年度における全国の産業廃棄物の不法投棄件数は，308件とされている（同，181頁及び182頁）。さらに，昭和50年度以降平成20年度末までの間に，土壌汚染に関する調査がなされた事例数は8965件（内，土壌汚染対策法に基づき調査を行った事例数は1187件），調査により同法の指定基準又は土壌環境基準を超過した事例数は4706件とされている（同，266頁）

(環境基準とは，大気汚染，水質汚濁，土壌汚染及び騒音に関する環境上の条件について人の健康を保護し，生活環境を保全する上で維持されることが望ましい基準である（環境基本法第16条1項）。）。これらは一例にすぎず，公害・環境紛争の原因となる事象はきわめて多岐にわたり且つ多数存在する。

また，苦情件数については，平成21年度の全国の公害苦情受付件数は8万1632件とされている。この内，典型7公害（人の活動に伴って生ずる相当範囲にわたる大気汚染，水質汚濁，土壌汚染，騒音，振動，地盤沈下及び悪臭をいう（同法第2条3項）。）の苦情件数は5万6665件（公害苦情件数の69.4％）であり，典型7公害以外の苦情件数は2万4967件（公害苦情件数の30.6％）とされている。典型7公害を苦情件数の多い順にすると，大気汚染（公害苦情件数の34.1％），騒音（同26.0％），悪臭（同22.4％），水質汚濁（同14.4％），振動（同2.6％），土壌汚染（同0.4％），地盤沈下（同0.1％）となる（「平成21年度公害苦情調査―結果の要旨―」1頁及至3頁）。典型7公害以外の苦情件数の約5割は，廃棄物投棄（1万2462件）とされている（同3頁）。

このように公害・環境紛争に関する苦情申立てはきわめて多いことから，これを適切に処理するための法制度が必要となる。そこで，本章では，公害・環境紛争処理のための諸制度について理解することで，紛争を予防し或いは具体的に紛争に直面したときの解決手法を明らかにすることを目的とする。

2　紛争の一般的な解決手法

上記のように地域において発生する公害・環境紛争は多岐にわたるが，たとえば，A社がB社から以前工場の敷地として利用されていた土地を買ったところ当該土地に環境基準を大きく超過する有害物質（たとえば，PCB，六価クロム等）が含まれていることが発覚したとする。A社は汚染土壌の浄化費用等の損害賠償をB社に求めたい。このような公害紛争が生じた場合，いかなる解決手法が考えられるだろうか。公害・環境紛争処理のための諸制度を概観する前に，紛争の一般的・抽象的な解決手法に言及したい。

先ず，(1)交渉を行うという解決手法がある。これには，当事者間だけで交渉を行う手法と，代理人（弁護士）を関与させて代理人間において交渉を行う手法が考えられる。当事者間或いは代理人間の交渉によっては，紛争を解決することができない場合には，一定の紛争処理機関を利用することが考えられる。
　そこで，次に，(2)裁判外の紛争処理手法（Alternative Dispute Resolution, 以下「ADR」という）の代表的なものとして，(A)調停，(B)仲裁，(C)あっせんを挙げることができる。(A)調停（Mediation）とは，「種々の紛争について第三者が当事者間を仲介し，その紛争の解決を図ること。当事者が合意に達することによって解決が図られる」ものである（法令用語研究会編，2006，969頁）。調停においては，申立てを行う入口の段階で，相手方が調停に応ずることを拒否すれば，紛争の処理を調停の手続きのなかで進行させることは困難となる（ただし，公害等調停事件において，裁判所又は調停委員会の呼出しを受けた事件関係者が正当な事由なく出頭しないときは，裁判所は5万円以下の過料に処する場合がある（民事調停法第34条）。また，公害紛争処理法に基づく公害等調整委員会又は都道府県公害審査会による調停において，調停委員会による当事者の出頭の求め（同法第32条）に対して正当な理由なく応じなかった場合には当事者は1万円以下の過料に処される場合がある（同法第55条1号））。また，相手方が調停に応ずるとしたとしても，調停案に申立人及び相手方の双方が合意しなければ，調停は成立しない。他方，調停案においては，具体的事件に応じた柔軟な解決案の提示が可能とされている。次に，(B)仲裁（Arbitration）とは，「当事者の合意に基づき第三者の判断によってその当事者間の紛争を解決すること」をいう（法令用語研究会編，2006，955頁）。調停は当事者の合意によって紛争の解決を図るのに対して，仲裁は，当事者間に仲裁判断に服する旨の合意が必要であるものの，第三者の判断によって紛争の解決を図るものであり，調停とは異なる。(C)調停や仲裁と似て非なる概念として，あっせんがある。あっせんとは，「一般には，うまく進むように間に入って世話をし，とりもつこと」とされている（同6頁）。すなわち，あっせんは，第三者が紛争当事者の間に入って仲介することにより当事者がお互いに歩み寄り紛争が解決されるよう努める手続で

ある。

　裁判外紛争解決手続の利用の促進に関する法律（平成16年12月1日法律第151号）の制定に伴い，近時はADRによる紛争解決も重要であるが，裁判所による判決等を得るには，(3)裁判手続の利用が必要となる。裁判手続のうち，特に判決手続が重要である（判決手続以外の裁判手続として，民事調停手続と民事保全手続がある。）。判決手続については，仲裁や調停と異なり，手続の入口や出口の段階で，相手方（被告）の同意は必要とされない。原告によって訴訟提起がなされると，被告はこれに応じなければならず，これに応じなければ敗訴の危険を負う。もっとも，訴訟上の和解のように，訴訟手続の係属中に裁判所において当事者の互譲に基づく合意によって解決される場合もある。

3　公害・環境紛争処理のための諸制度の概観

(1) 公害苦情相談の利用

　ある地域において公害・環境紛争が発生した場合，被害を受けている一方当事者は，他方当事者との交渉によって紛争の解決を図ろうとする場合が考えられる。しかし，当事者間の交渉のみによって紛争を解決することは実際上困難である。そこで，当該当事者は，最寄りの市区町村等における公害担当課に対して苦情申し立てを行うことが考えられる。苦情申し立てを受けた地方公共団体は，関係行政機関と協力して公害に関する苦情の適切な処理に努めなければならない（公害紛争処理法第49条1項）。公害苦情相談によって解決できる場合もあろうが，指導を中心に解決を図ることには限界があるため，苦情相談による解決が困難な場合には，以下のような制度を利用する必要がある。

(2) 都道府県公害審査会の利用

　苦情申立によっても，当該紛争を解決できない場合，当該当事者は，自ら又は弁護士を代理人として選任して，以下の制度を利用することができる。すなわち，①各都道府県の公害審査会（審査会を置かない都道府県にあっては都道

府県知事，以下「審査会等」という）（公害紛争処理法第13条及び24条2項）に対する，あっせん，調停，若しくは仲裁の申請，②公害等調整委員会（以下「公調委」という）に対する，あっせん，調停，仲裁，若しくは裁定の申請，又は③裁判所に対する民事訴訟・行政訴訟・国家賠償請求訴訟の提起・民事調停若しくは民事保全の申立てが考えられる。①及び②は，ADRであり，③は裁判手続（民事訴訟・行政訴訟・国家賠償請求訴訟は判決手続）である。

　審査会等は，公害紛争について，あっせん，調停，仲裁を行うことができる。すべての都道府県が公害審査会を設置しているわけではないが，設置していない都道府県でも，公害審査委員候補者の名簿を作成し，事件が係属する都度，処理にあたるとされる（「公害紛争処理制度のご案内」4頁）。審査会等では，「専門的な知見を持っている公正な第三者が関与している」，「実情に即した解決が行われている」，「審理は，迅速な解決を求めて行われており，その実績もある」ことが指摘されている（藤井，2006，7頁）。もっとも，この制度の利用は少ないとされ，その理由の一つとして，「公調委と比べて人的・物的体制が弱いこと」も指摘されている（六車，2009，167頁）（ただし，平成21年度に審査会等に係属した事件数は86件とされており（「公害紛争処理白書平成21年度年次報告（参考資料）」110頁），地域における公害・環境紛争を処理するための適切な機関としては審査会等も有用であると考えられる。）。

(3) 公害等調整委員会の利用

　各都道府県の審査会等の他に，公調委を利用することが考えられる。公調委とは，国家行政組織法3条2項及び公害等調整委員会設置法に基づき総理府（中央省庁再編（2001年1月6日施行）後は総務省）の外局として中央公害審査委員会と土地調整委員会を統合して昭和47年7月に設置された行政委員会をいう。公調委は，公害紛争について，あっせん，調停，仲裁及び裁定等を行う組織であり，公害紛争の迅速かつ適正な解決を図ることを旨とする（なお，本章では，公調委による鉱業等に係る土地利用調整制度については言及しない。）。公調委があっせん，調停及び仲裁を管轄する公害紛争は，以下の3つに分類さ

れる。すなわち，①重大事件，②広域処理事件，及び③県際事件である。①重大事件とは，「大気汚染，水質汚濁等により生ずる著しい被害に係る事件」をいう（「公害紛争処理制度のご案内」3頁）（公害紛争処理法第24条1項1号）。具体的には，政令において，(a)大気汚染又は水質汚濁による慢性気管支炎，気管支ぜん息，ぜん息性気管支炎若しくは肺気しゅ等又は水俣病若しくはイタイイタイ病に起因して，人が死亡し，又は日常生活に介護を要する程度の身体上の障害が生じた場合，(b)大気汚染又は水質汚濁による動植物又はその生育環境に係る被害に関する紛争で被害総額が5億円以上であるものと定められている（同法施行令第1条）。②広域処理事件とは，「航空機や新幹線による騒音事件」をいう（「公害紛争処理制度のご案内」3頁）。すなわち，2以上の都道府県にわたる広域的な見地から解決する必要がある公害紛争で航空機騒音や新幹線騒音に関する紛争をいう（同法24条第1項2号，同法施行令第2条）。③県際事件とは「複数の都道府県にまたがる事件」をいう（「公害紛争処理制度のご案内」3頁）（同法第24条1項3号）。

　公害紛争処理制度の主な特長として，①「専門的知見の活用」，②「機動的な資料収集・調査」，③「迅速な解決」，④「費用が安い」，⑤「柔軟な手続により公害紛争を実効的に解決」等が挙げられている（「公害紛争処理制度のご案内」2頁）。特に①について，公調委の専門的知見を活用して解決に結びついた公害紛争は多数存在する（たとえば，豊島産業廃棄物水質汚濁被害等調停申請事件，スパイクタイヤ粉じん被害等調停申請事件等）。また同制度の対象事件は典型7公害に係る紛争であるが（同法第2条），近時は，低周波音に関する紛争，化学物質に関する紛争等，公害の態様が多様化している。公調委は，一律にこれらの紛争を制度の対象外とはせずに，騒音等に関する紛争と解することが可能な場合にはこれを取り扱い，「制度の柔軟な運用を図っている」とされている（「公害紛争処理白書」3頁）。

　次に，公調委が行うあっせん，調停，仲裁及び裁定について概説する。先ず，あっせんについて，公調委又は審査会等によるあっせんは3人以内のあっせん委員が行うこととされている（公害紛争処理法第28条1項）。あっせん委員は，当

事者間をあっせんし，双方の主張の要点を確かめ，事件が公正に解決されるように努める（同法第29条）。

また，調停は，「調停委員会が，紛争の当事者に出頭を求めて意見を聴くほか，現地の調査を行い，また，参考人の陳述，鑑定人の鑑定を求めるなどし，これらの結果に基づき，当事者間の話合いに積極的に介入して調整し，当事者間の互譲に基づく紛争の解決を図る」ものである。「調停委員会が調停案を提示する場合，調停案を受諾するか否かは当事者の任意であるが，当事者が受諾して調停が成立したときは，当事者間に合意（一般的には，民法上の和解契約）が成立したこととなる」（「公害紛争処理白書　平成21年度年次報告（参考資料）」5頁）。

あっせんが紛争の当事者による自主的解決を援助・促進するものであるのに対して，調停は，当事者間の話合いに積極的に介入・調整するという点で異なるものの，明確な区別がつきにくいように思われる。そのため，昭和45年度から平成21年度までに公調委に係属した公害紛争事件のうち調停手続で受付された事件数が705件であるのに対してあっせん手続で受付された事件数はわずか3件に過ぎない（「公害紛争処理白書　平成21年度年次報告（参考資料）」10頁）。ここに，あっせん手続のADRとしての機能に疑義が生じる余地があろう。今後は調停手続に統合することも検討されてよいと考えられる。

また，仲裁は，「仲裁委員会が，当事者間の仲裁合意に基づき，当事者の一方又は双方からの申請に基づいて，当事者に証拠の提出又は意見の陳述をさせるため，口頭審理を実施するなどして，仲裁判断をする」ものである。「仲裁合意とは，紛争の当事者双方が，裁判所において裁判を受ける権利を放棄し，公害に係る当事者間の民事上の紛争の解決を仲裁委員会にゆだね，その判断に従うことを合意すること」である（「公害紛争処理白書　平成21年度年次報告（参考資料）」5頁）。事者が仲裁委員会の判断に従うことを合意し，仲裁委員会が仲裁判断を行うという点で，調停とは異なる。仲裁委員会の仲裁判断は，確定判決と同一の効力を有する（公害紛争処理法第41条，仲裁法第45条）。

さらに，裁定とは，「（公調委）の委員長及び委員のうちから指名された3人

又は5人の裁定委員からなる裁定委員会が，証拠調べ等所定の手続きを経て法律的判断（裁定）を下す一種の審判」をいい，「裁定には，公害に係る被害について損害賠償責任の有無及び賠償すべき損害額を判断する責任裁定と，加害行為と被害の発生との間の因果関係の存否のみについて判断する原因裁定との2種類がある」（「公害紛争処理白書　平成21年度年次報告（参考資料）」5頁）。責任裁定があった場合において，裁定書の正本が当事者に送達された日から30日以内に当該責任裁定に係る損害賠償に関する訴えが提起されないとき，又はその訴えが取り下げられたときは，その損害賠償に関し，当事者間に当該責任裁定と同一の内容の合意が成立したものとみなされる（同法第42条の20）。原因裁定については，やむを得ない理由があるときは，被害を主張する者は相手方の特定を留保して原因裁定の申請を行うことができる（同法第42条の28）。書面をもって裁定の申請を行うこと（同法第42条の12，同27），審問は原則として公開であること（同法第42条の15），裁定委員会は申立て又は職権により証拠調べを行うことができること（同法第42条の16），公調委は一定の場合に裁定申請前に申立てにより証拠保全を行うことができること（同法第42条の17），裁定委員会は必要と認めるときは事実の調査を行うことができること（同法第42条の18），裁定は文書をもって行うこと（同法第42条の19），裁定委員会は相当と認めるときは，職権で事件を調停に付すことができること（同法第42条の24）等は責任裁定も原因裁定も同様である（同法第42条の33による準用）。昭和45年度から平成21年度に公調委に係属した裁定申請事件の受付件数113件のうち39件が原因裁定事件である（「公害紛争処理白書　平成21年度年次報告（参考資料）」10頁）。

　公調委による公害紛争処理制度の利用促進のための近時の取り組みとして，2つの点を指摘したい。すなわち，「現地期日の開催」と「事件調査の充実」である（「公害紛争処理白書」10頁及び11頁）。前者については，裁定事件の審問期日は，原則として，東京都千代田区霞が関に所在する公調委の審問廷において行われるとされているが，東京から離された場所に住む申請者にとっては不都合となる。そこで，公調委は，被害発生地等の現地で期日を開催する取り組みを進めたとされる（平成21年度における裁定事件に関する現地期日の開催状

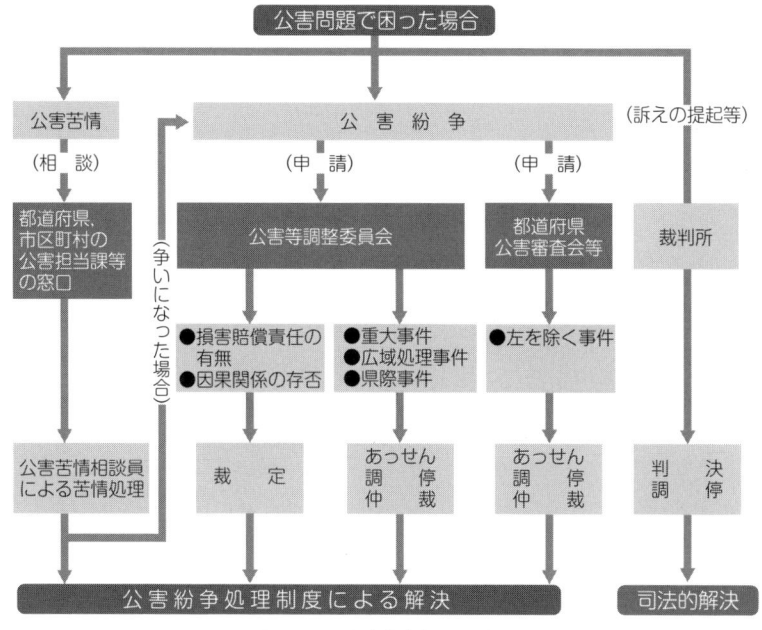

第2章　地域における公害・環境紛争処理の諸制度の基礎　27

図2-1　公害紛争処理の流れ
（出所）　公害等調整委員会資料。

況として8件が示されている（同10頁及び11頁））。後者については，裁定事件について，裁定委員会は，必要があると認めるときは，自ら事実の調査をし，又は公調委の事務局の職員をしてこれを行わせることができる（公害紛争処理法第42条の18）。これは因果関係等の解明の点で申請者に有益となる制度である。公調委は，平成21年度予算において，事件調査のための経費を大幅に増加したとされる（同11頁）。いずれの取り組みも，公害紛争処理制度の利用者の利便性を向上するための取り組みとして積極的に評価することができる。

　なお，公調委又は審査会等は，権利者の申出がある場合において，相当と認めるときは，義務者に対して，調停，仲裁又は責任裁定で定められた義務の履行に関する勧告を行うことができる（義務履行勧告）（同法第43条の2）。

（4）判決手続の利用

　最後に，判決手続について簡潔に言及する（紙幅の制約上，環境訴訟に関する個々の論点を網羅することや個別の事例を取り上げて詳述することはできないことをお断りする。）。判決手続に関するものとして民事訴訟及び行政訴訟を挙げることができる（それぞれ大塚，2009，93頁及び大久保，2009，121頁を参照）。

　先ず民事訴訟においては，不法行為（民法第709条）に基づき損害賠償を求めることや，人格権（「人間が個人として人格の尊厳を維持して生活する上で有するその個人と分離することのできない人格的諸利益の総称」（法令用語研究会，2006，764頁））に基づき施設の操業停止といった差止を求めることが考えられる（差止については，人格権だけでなく，所有権に基づく物権的請求権，不法行為，環境権に基づく請求が考えられるが，人格権に基づく請求が今日最も有力とされる（大塚，2010，682頁）。）。損害賠償請求については，わが国の不法行為法の下では，行為者の故意又は過失による違法な行為によって被害者に損害が生じた場合に当該行為者に対して損害賠償責任が生じるのが原則である（民法第709条）（なお，条文上の「他人の権利又は法律上保護される利益」の「侵害」は違法性と捉える見解が有力である（大塚，2010，666頁等参照）。因果関係等不法行為の成立要件の立証には困難を伴うことはすでに指摘されているとおりであるが，立証責任の軽減のための工夫もなされてきた。たとえば，疫学的因果関係論（名古屋高金沢支判昭和47年8月9日判時674号25頁（イタイイタイ病事件（水質汚濁の事例）），津地四日市支判昭和47年7月24日判時672号30頁（四日市公害事件（大気汚染の事例））等参照）等はその一つとして挙げることができる。すなわち，（事実的）因果関係の証明は，一点の疑義も許されない自然科学的証明ではなく，経験則に照らして特定の事実が特定の結果発生を招来した関係を是認しうる高度の蓋然性を証明することが必要であるところ（最判昭和50年10月24日判タ328号132頁），医学上の手法である疫学を活用して疫学的因果関係が証明された場合には原因物質と被害との法的因果関係が存在するものと解するのである（上記イタイイタイ病事件参照）。また，民事訴訟において差止請求や損害賠償請求が認められるためには加害行為が社会生活上一般に受忍すべき限度（受忍限

度）を超えており違法といえることが必要であるが，差止請求の場合の方が損害賠償請求の場合よりも違法性が高いと認められることが必要であると考えられる（違法性段階説）。これは，差止によって事業活動を停止することにつながる場合があることから，損害賠償よりも差止の方が事業活動に与える影響が大きいからであると考えられる。なお，損害賠償請求と差止請求の違法性判断における各判断要素の重要性の程度の考慮に相違があり，違法性の有無の判断に差異が生じることがあっても不合理とはいえないと判断した事例として国道43号線訴訟上告審判決（最判平成7年7月7日判時1544号18頁）がある。

次に，行政訴訟には複数の類型があり，主観訴訟（国民の権利利益の保護を目的とする）としての抗告訴訟（行政事件訴訟法第3条）及び当事者訴訟（同法第4条），並びに客観訴訟（国民の権利利益の保護にかかわらず，行政の適法性の実現を目的とする）としての民衆訴訟（同法第5条）及び機関訴訟（同法第6条）がある（同法第2条）。そして，抗告訴訟の類型には，①処分取消の訴え，②裁決取消の訴え，③無効等確認の訴え，④不作為違法確認の訴え，⑤義務付けの訴え，⑥差止めの訴えがある（同法第3条2項ないし7項）（本章では，2004年の行政事件訴訟法の改正に関する言及は割愛する。）。「これまで環境行政訴訟の中心を占めてきたのは，行政処分（開発許可，埋立免許等）の取消訴訟である」とされる（大久保，2009，121頁）。たとえば，産業廃棄物処理業者が，処理業の許可取消し処分や処理施設設置の不許可処分に対して取消訴訟を提起したり，或いは周辺住民等が環境汚染の危険性のある廃棄物処理施設の設置の許可処分に対して取消訴訟を提起するということが考えられる。周辺住民等行政処分の名宛人以外の第三者が原告となる取消訴訟の場合には原告適格が否定され訴訟自体を不適法却下とする判例（前橋地判平成2年1月18日判タ742号75頁等）が見受けられた。もっとも，行政事件訴訟法改正後に下された小田急線連続立体交差（高架化）事業認可取消訴訟上告審判決（最判平成17年12月7日判タ1202号110頁）においては，都市計画事業の事業地の周辺に居住する住民のうち当該事業が実施されることにより騒音，振動等により健康又は生活環境に係る著しい被害を直接的に受けるおそれのある者は，当該事業の認可の取消訴訟の原告

適格を有するとした（これは，都市計画事業の事業地の周辺地域に居住し又は通勤，通学しているが事業地内の不動産につき権利を有しない者は，原告適格を有しないとした最判平成11年11月25日判夕1018号177頁を変更したものである。）（原告適格のほか取消訴訟における処分性等の論点や行政訴訟の他の訴訟類型に関する言及は，紙幅の制約から，本章では割愛する。）。

　最後に，国家賠償請求訴訟は，公害・環境紛争に関する行政権限の不行使の違法性を問うため等に利用され，形式上は民事訴訟とされる（大塚，2010，717頁参照）。国家賠償法1条は，公権力の行使に当る公務員がその職務を行うについて故意又は過失によって違法に他人に損害を加えた場合の国又は公共団体の賠償責任を規定する。同法第2条は，道路，河川その他の公の営造物（建物等公の目的に供せられる物的施設）の設置又は管理に瑕疵があったために他人に損害を生じた場合の国又は公共団体の賠償責任を規定する。公害紛争については，国が水俣病による健康被害の拡大防止のためにいわゆる水質二法（旧公共用水域の水質の保全に関する法律及び旧工場排水等の規制に関する法律）に基づく規制権限を行使しなかったこと及び熊本県が水俣病による健康被害の拡大防止のために同県の漁業調整規則に基づく規制権限を行使しなかったことが国家賠償法1条1項の適用上違法となるとされた事例として水俣病関西訴訟上告審判決（最判平成16年10月15日判夕1167号89頁）等が重要である。

　公害・環境紛争処理の手法として判決手続を利用することの有用性・有効性は近時も重要視すべきである。ただ，判決手続においては，被害者（原告）に立証の負担があること，多額の費用を要すること，判決までに長期間を要すること等はすでに指摘されているとおりである（六車，2009，163頁及び164頁，「公害紛争処理白書」11頁等参照）。そこで，地域における公害・環境紛争処理においては公調委や審査会等による紛争処理制度の利用の促進がこれまで以上に図られるべきであると考えられる。

4 公害・環境紛争の具体的事例

　昭和45年度から平成21年度までに公調委に係属した公害紛争事件は827件（内終結件数は797件）であるところ，そのうちあっせん事件は3件（内終結件数は3件），調停事件は705件（内終結件数は703件）。仲裁事件は1件（内終結件数は1件），裁定事件は113件（責任裁定事件は74件，原因裁定事件は39件）（内終結件数は85件），義務履行勧告申出事件は5件（内終結件数は5件）とされており（「公害紛争処理白書　平成21年度年次報告（参考資料）」9頁及び10頁），公害紛争処理制度によって紛争解決が図られた事例は一定数存在することがわかる。近年では，平成21年度に係属した調停事件として，水俣病に係る損害賠償調停申請事件，産業廃棄物処分場水質汚濁防止等調停申請事件及び航空機騒音調停申請事件，平成21年度に係属した裁定事件として，化学物質や低周波音による健康被害原因裁定申請事件，騒音・低周波音被害責任裁定申請事件，自動車排気ガス健康被害責任裁定申請事件，産業廃棄物処分場による水質汚濁被害原因裁定申請事件，土壌汚染・地盤沈下被害責任裁定申請事件等複数の事件が紹介されている（「公害紛争処理白書　平成21年度年次報告（参考資料）」11頁乃至39頁参照）。また，昭和45年度から平成21年度までに審査会等に係属した公害紛争事件は1247件（内終結件数は1209件）であるところ，そのうちあっせん事件の受付件数は36件，調停事件は1193件，仲裁事件は4件，義務履行勧告事件は14件とされており（「公害紛争処理白書　平成21年度年次報告（参考資料）」41頁及び43頁），公調委に係属した公害紛争事件よりも多く，審査会等も公調委と同様，相当程度機能していることがわかる。

　前記の事例において挙げたような公害・環境紛争のうち土壌汚染については，騒音・振動・悪臭等と比して，苦情件数は多くはない（「平成21年度公害苦情調査―結果の概要―」2頁参照）。しかし，汚染土壌の浄化に係る費用はきわめて高額にわたるため，特に土地の売買契約の当事者間で深刻な紛争が生じる。土壌汚染に関する近時の紛争事例として，川崎市における土壌汚染財産被害責任裁

定申請事件（公調委平成20年5月7日裁定判時2004号23頁・ちょうせい53号12頁）や土壌汚染に関する損害賠償請求事件（第１審：東京地判平成19年7月25日金商1305号50頁，控訴審：東京高判平成20年9月25日金商1305号36頁，上告審：最判平成22年6月1日判タ1326号106頁）等を挙げることができる。

　川崎市における土壌汚染財産被害責任裁定申請事件は，申請人（電鉄会社）が，元土地所有者から購入した土地に重金属類及び揮発性有機化合物による土壌汚染が見つかり，当該汚染は被申請人（川崎市）が当該土地に搬入した焼却灰等が原因であるなどとして，被申請人に対し，国家賠償法に基づいて，損害約52億1639万円等の支払を求めた事件である。この事件について，裁定委員会は，被申請人に対し，約48億843万円等の支払を命ずる裁定を行った（もっとも，その後，川崎市は債務不存在の確認を求めて東京地裁に訴訟提起し，同地裁において同市の請求が認められたとされている。）。

　後者の損害賠償請求事件は，原告が，被告から買い受けた土地の土壌が有害物質により汚染されていたため，その後制定・施行された東京都の条例により，汚染の調査・拡散防止措置を行わなければならなくなったこと等が民法第570条の「瑕疵」に当たるとして，被告に対し，同条の瑕疵担保責任に基づく損害賠償として，同措置に要する費用等合計約4億6095万円等の支払を求めた事案である。第１審では，原告の請求が棄却され，控訴審では，控訴人（原告）の請求を一部認容し，上告審では，原判決中上告人（被告）敗訴部分を破棄し，被上告人（原告）の控訴を棄却した（すなわち，原告の請求は認められなかった）。

　上記２事件については，いずれも裁定や判決までに一定期間を要している。この点，公調委に係属した事件の平均処理期間は必ずしも明らかではないが，「平成21年度の（公調委）の事後評価実施計画において，裁定事件の標準審理期間を設定することとし，平成21年度に受け付けた裁定事件（大型事件又は特殊な事件を除く）について，専門的な調査を要しない事件は１年６か月，専門的な調査を要する事件は２年としている」（「公害紛争処理白書」３頁）とされている。また，審査会等に係属した事件の平均処理期間は，15.6か月とされてい

る(「公害紛争処理白書　平成21年度年次報告(参考資料)」57頁)。このことからすると、公調委や審査会等による公害紛争処理制度は事件処理の迅速性という見地からも適切な制度であることがわかる。

5　公害・環境紛争処理の諸制度の課題

　以上の通り、公害・環境紛争の原因となる事象を取り上げて、公害・環境紛争処理の諸制度を概観しその意義を述べた。

　紛争の悪化を予防するためには、前記のとおり公害・環境紛争を処理するための諸制度が存在することを知ることが先ず肝要である。紛争の解決手法には複数のものがあるが、公害・環境紛争を解決するための制度として中心となるのは、裁判所による裁判手続(特に判決手続において司法的救済を得ること)であろう。ただ、これには立証の負担、費用の多額化、解決の長期化といった課題がみられる。そこで、裁判手続のみならず、公調委や審査会等による公害紛争処理制度をも利用することが重要である。前記のとおり、同制度の利用後終結した事件は一定数存在することから、(裁判手続と比して利用数が少ないとしても)この制度は、専門性を生かしつつ、公害・環境紛争の迅速かつ適切な解決に資するものとして評価できる。公調委や審査会等による調停や仲裁等の解決手法を用いることが地域における公害・環境紛争を迅速かつ適切に解決する上で有用であると考えられるのである。

　公害紛争処理制度の課題として、「科学的・専門的で、公正かつ適正な判断を尽くして事件処理を進めること」、「多角的な広報活動に努めて行く必要がある」こと等が指摘されている(大内, 2011, 4頁)。これに加えて、紛争の態様が多様化していることを踏まえて、公調委や審査会等が取り扱うことのできる対象事件は典型7公害を中心とするもこれに厳格に限定せずに、広く公害・環境紛争の処理にあたることができるような制度構築の検討も必要と考えられる。

参考文献

磯部力「公害環境紛争と行政委員会——公害等調整委員会の課題と可能性」『ジュリスト』1233号，2002年，55頁。

大内捷司「公害紛争処理制度の今後の課題」『ちょうせい』64号，2011年，2頁。

大久保規子「環境行政訴訟の技術」大塚直・北村喜宣編『環境法ケースブック　第2版』有斐閣，2009年，121頁。

大塚直『環境法　第3版』有斐閣，2010年。

大塚直「公害・環境民事訴訟」大塚直・北村喜宣編『環境法ケースブック　第2版』有斐閣，2009年，93頁。

環境省総合環境政策局編『平成22年版環境統計集』株式会社総北海東京支店，2010年。

公害等調整委員会「公害紛争処理制度のご案内」。
　　http://www.soumu.go.jp/kouchoi/knowledge/how/goannai.pdf

公害等調整委員会「平成21年度公害苦情調査—結果の要旨—」2010年11月12日。
　　http://www.soumu.go.jp/main_content/000088162.pdf

公害等調整委員会編『平成22年版公害紛争処理白書』蔦友印刷株式会社，2010年。

谷口隆司「公害等調整委員会の30年——回顧と今後の展望」『ジュリスト』1233号，2002年，38頁。

藤井克已「地方から見た公害紛争処理制度について—現状と期待—」『ちょうせい』44号，2006年，7頁。

法令用語研究会編『有斐閣法律用語辞典第3版』有斐閣，2006年。

南博方「環境紛争処理の在り方を考える—裁断から調整の時代へ—」『判例タイムズ』833号，1994年，4頁。

六車明「環境紛争に関する行政的対応」大塚直・北村喜宣編『環境法ケースブック　第2版』有斐閣，2009年，153頁。

（小林　寛）

Ⅱ 地域と経済

第3章
地球環境問題と環境経済政策

　科学技術の発達により，地球規模での環境問題の実態が解明されるようになってきた。オゾン層の破壊や酸性雨の問題などはその代表例といえよう。最近では，CO_2などの温室効果ガスによる気候変動の問題が世界中の注目を集めている。自然科学の諸領域と同様に，環境が経済に与える影響，そして効率的な環境政策の仕組みを解明する環境経済学という学問領域も急速に発展してきた。その結果，温室効果ガスや汚染物質の削減分野では，排出量取引などの費用効率性の高い政策手法が考案され実行されてきた。本章では，地球環境問題を解決するための環境経済学の知見に基づく経済的インセンティブ手法という政策，および国際条約の動向を紹介する。そして，京都議定書に代わる新たな温室効果ガス削減（緩和）のための枠組を世界が模索するなかで，費用と便益の観点から，適応への転換が必要となることを説明する。

1　地球環境問題

　地球環境問題とは，地球温暖化などの気候変動に関わる問題のように人類全体が影響を受ける環境問題，あるいは砂漠化や海洋汚染，黄砂など国境を越えて複数の国にまたがる環境問題のことをいう。そのほかの地球環境問題には，オゾン層の破壊や生物多様性の減少，酸性雨などがあり，国際機関や各国政府，国際NGOなどが協力して問題解決に取り組んでいる。

　オゾン層の破壊については，1985年に採択されたオゾン層の保護のためのウィーン条約に基づき，1987年にオゾン層を破壊する物質に関するモントリオール議定書が採択された。モントリオール議定書は1989年に発効され，特定フロ

ンやハロン，四塩化炭素などが1996年以降全廃となるなど国際的枠組が決定された。オゾン層破壊という地球環境問題においては，使用禁止というもっとも強制力のある環境規制について各国が合意し，原因物質の排出が止められることとなった。ただし，最近では南極だけではなく，北極においてもオゾンホールが拡大するなど，この地球規模の環境問題の根本的解決はまだ先のことになりそうである。

オゾン層の破壊とフロンをめぐる問題のように，原因物質の排出者と環境悪化の影響を受ける被害者が世界中に存在し，その原因物質の代替商品が開発可能な場合には，国際条約に基づく環境規制という手段を取ることが可能である。このような国際的な環境規制は，絶滅のおそれのある野生動植物の種の国際取引に関する条約（ワシントン条約）においても取られており，動植物の国際取引が乱獲や違法採集を招き，種の絶滅が危惧される場合には国際的取引が禁止される。

国際的に使用・取引禁止措置を取ること，あるいは汚染物質の排出に関する基準値を作成する環境規制政策は，各国の合意のもと国際条約を締結することにより実行される。他方，地球環境問題としてもっとも世界中の注目を集める気候変動の問題については，経済的インセンティブ手法と呼ばれる市場原理を活用した政策が実行されている。

気候変動については，1992年に国際連合の主催によりリオ・デ・ジャネイロで開催された地球サミット（環境と開発に関する国際連合会議）において調印された気候変動枠組条約が問題解決に向けて重要な役割を果たしている。また，国際連合環境計画（UNEP）と世界気象機関（WMO）が1988年に設立した気候変動に関する政府間パネル（IPCC）は，世界中の科学者による知見を集めた評価報告書をまとめ，強い影響力を発揮している。IPCCは，2007年にアル・ゴア（Al Gore）元米国副大統領とともにノーベル平和賞を受賞している。

気候変動枠組条約第3回締約国会議（COP3）は，1997年12月に京都市で開催され，その後の気候変動対策にとって重要な役割を果たす京都議定書が採択された。2005年には京都議定書が発効し，日本は1990年比で6％の温室効果ガ

ス削減を義務づけられた。京都議定書では，先進各国の削減目標が定められるとともに，京都メカニズムと呼ばれる削減努力を容易にする柔軟性措置が認められた。京都メカニズムは，排出量取引（Emission Trading：ET），クリーン開発メカニズム（Clean Development Mechanism：CDM），共同実施（Joint Implementation：JI）である。そのほかにも，諸外国の炭素税のように，温室効果ガス削減のため環境経済学の知見に基づく政策が実施されている。

気候変動の問題については，国際条約，国内政策などの側面から経済学に基づく政策が考案，実行されている。本章では，気候変動と京都メカニズムに関する環境経済政策を題材として，グローバル・コモンズ，CO_2などの温室効果ガス削減のための緩和（mitigation）と適応（adaptation），そして長期間にわたる費用と便益を比較する必要のある政策実施をめぐる問題について紹介する。

2 グローバル・コモンズとしての地球環境問題

地球環境問題は，しばしばグローバル・コモンズの問題であるといわれる。コモンズは共有地あるいは共有資源と呼ばれる。たとえば，阿蘇くじゅう国立公園内に見られるような牧草地をモデルとして想定する。ただし，現実の牧草地は牧野組合などが野焼きを行うなど，資源の枯渇を招かないように共同で管理を行っている。ここでは，あくまでそのような持続的利用に関するルールがない一定の面積の牧草地を想定する。

牧草地には多くの牛が放牧されている。その牧草地を1戸の畜産農家だけが使用し，牧草を牛が食べ尽くさないように牛の数をコントロールしながら放牧を行っている。ところが，その農家にはその牧草地に関する所有権がない。その結果，他の農家もその牧草地において放牧を始めることとなる。案の定，牧草地の牧草は枯渇してくるが，最初から放牧を行っている農家がたとえ放牧する牛の数を減らしたとしても，他の農家はその空いた分を狙って牛の数を増やしてくるだろう。そうすると，自分の利益を失うことにつながる。そのため，どの畜産農家も牛の数を減らすことはなく，やがては牧草地の牧草は増加する

牛の数を支えられずに枯渇してしまう。

　このような現象はコモンズの悲劇（the tragedy of the commons）と呼ばれ，ギャレット・ハーディン（Garrett Hardin）が1968年に『サイエンス』という科学雑誌に掲載した論文において指摘した問題である。後に，コモンズそのものが問題ではなく，適切に管理できない共有地が，誰もが自由に利用できるオープン・アクセス状態にあることにより発生する問題であることが示された。

　一般の商店で購入できる食料品や家電製品などの私的財，そして一般道や国防，伝染病対策などの公共財，そしてゴルフ場や高速道路などのクラブ財と対比する形で，コモンズは定義される。対価を支払わずに利用しようとする人を排除できないという非排除性，そしてある人が消費しても他の人の消費できる量が減少しないという非競合性という性質が，財（商品）の種類を分類する軸となる。排除性と競合性という特質を有するのが私的財であり，非排除性と非競合性を有するのが公共財である。排除性はあるが競合性が低いものがクラブ財に分類される。そして，排除性がなく，競合性が高いものがコモンズに分類される。古くからの入会林における薪炭材や山菜などの共有資源には排除性がなく，競合性があるため，各地域において無秩序な過剰採取によって資源が枯渇しないための共同管理規則が作られ，厳格に守られてきた。

　オゾン層破壊物質であるフロンや地球温暖化に寄与するCO_2などの温室効果ガスの排出も，コモンズの悲劇に喩えられ，しかもその範囲がグローバルであることから，グローバル・コモンズと呼ばれる。たとえば，人類が化石燃料を使い始めた頃，そして地球温暖化へのCO_2の関与が疑われ始める前であっても，化石燃料を使用することによる大気汚染物質排出の問題には気づいていたかもしれない。しかしながら，それはあくまで地域レベルでの大気汚染として認識されていたと考えられる。まさか，地中から掘削した化石燃料に含まれる炭素が，CO_2として大気中に放出されることにより，気候変動という地球レベルでの環境影響をもたらすことは想定外のことであった。

　CO_2は現代の人間活動のあらゆる部分から排出されるものである。地球の大気をグローバル・コモンズと考えた場合，何の制約もなければ，人々はコモン

ズの悲劇の畜産農家のように，CO_2を競うかのように放出し続けるだろう。なぜなら，人間の活動量が増すということは，経済成長につながるからである。人間の基本的な欲求の1つに物質的豊かさの追求がある以上，人間の経済活動を抑制しない限り，CO_2の排出量増加を止めることは困難である。もちろん，昨今の世界経済は，CO_2の排出削減と経済成長の両立をはかるための技術革新を続けてきている。ポーター仮説が示すとおり，環境規制が技術革新を生み，経済成長につながることもあるだろう。しかしながら，世界経済全体から見れば，省エネルギー技術革新による排出削減は，エネルギー排出量を低下させるまでには至っていない。スリーマイル島やチェルノブイリの大惨事の記憶が薄れつつあった2000年代後半以降，原子力ルネッサンスという名の下に，運転時にCO_2を排出しない原子力発電を，地球温暖化対策の名の下に各国が再び推進し始めた。しかしながら，2011年3月の福島第一原子力発電所の爆発事故による広範囲におよぶ放射性物質による汚染，そして今後おそらく数十年間にわたって人が住めない地域ができてしまったことにより，CO_2以上の甚大な環境汚染を発生させる原子力発電の問題点を，世界各国の人々が改めて認識した。

　国際エネルギー機関（IEA）によると，2010年における世界全体での温室効果ガスの排出量は，CO_2換算で約330億トンであり，たった1年間で日本の年間総排出量を上回る18億トンも増えたことがわかった。1997年に京都議定書が誕生し，その後もさまざまな形で削減義務を有する先進諸国だけでなく，世界中の国々によって削減努力が続けられてきている。しかしながら，日本の省エネ技術の開発や節電・省資源努力をあざ笑うかのように，CO_2排出量は増加し，それを止めるための有効な手段がないかのように見える。

　牧草地や入会地のように，地理的に独立した地域において，少数の住民によって資源管理に関する合意形成が図られる場合にはコモンズの悲劇の発生を抑えられる可能性もある。しかしながら，グローバル・コモンズへのオープン・アクセスを止めることは容易ではない。とくに，それが経済的な利益と引き替えの場合にはなおさらである。

3 京都メカニズムと経済的手法

（1）経済的手法

　京都議定書は2012年までの削減目標を定めたものであり，議定書から離脱した米国や削減義務を免れた中国などを除く先進諸国は，削減努力を積み重ねてきた。しばしば，日本の財界関係者が発する言葉に，「日本におけるCO_2削減は，乾いたぞうきんを絞るようなものだ」という言葉がある。最近ではやや危ういが，日本は数十年間にわたって優秀な工業製品で世界をリードしてきた。とくに日本は資源小国であり，省エネルギー技術などの環境対策を各国よりも積極的に進めてきているため，削減努力には限りがある。トップランナー方式のように，省エネルギー技術の導入を促す制度も政府によって導入されている。トップランナーとは，自動車の燃費基準や家電・OA機器などの省エネルギー基準を，現在商品化されている製品のなかで，最も優れたエネルギー効率を発揮している機器の性能以上にするという考え方である。また，消費者向けには，家電製品のエコポイント制度やエコカー減税のように，省エネルギーに優れた商品を選択するインセンティブを付与する政策がとられている。

　トップランナー方式には目標となる基準値を達成できない場合に罰則があり，環境規制と自主的取り組み，経済的手法のそれぞれの性格を兼ね備えた政策であるため，ここではエコポイント制度を例に取ることにする。エコポイントという消費者への直接の補助金，あるいはエコカー減税のように支払う税金が少なくなるなど，経済的なメリットを与える政策手法は，経済的インセンティブ手法と呼ばれる。日本国内では，インセンティブという言葉を省略して経済的手法と称されることが多い。しかしながら，インセンティブあるいはディスインセンティブという言葉は，経済的手法を考える上で重要なキーワードである。なぜなら，経済的手法に基づく政策とは，現状の，人々の商品選択や日常の行動，あるいは企業の生産活動が環境面で望ましくない場合に，経済的なメリットやデメリットを与えることにより，環境面で望ましい方向に誘導するための

アメとムチの役割を果たすものだからである。アメがインセンティブ，ムチがディスインセンティブと考えるとわかりやすい。課税や補助金，市場創造による環境財の取引など，市場原理に基づく手法は多様である。

　米国においては1970年代から大気汚染物質の排出権取引などの経済的手法が採用され，環境経済学の知見が活かされてきた。世界各国においても，気候変動防止対策のために，CO_2 を排出するエネルギーに課税を行う炭素税が導入されてきている。環境汚染をもたらす生産活動に対して，その汚染被害額と同額の課税を行うピグー税は，汚染被害額の算定が難しいため，試行錯誤的に税額を決定するボーモル・オーツ税に類する炭素税が導入されている。

　日本国内においても，地球温暖化対策税導入の議論が10年以上にわたって続けられている。その議論のなかでは，税額を低く設定するものの，その税金の使途を CO_2 削減技術の開発などへの補助金に限定することにより，所期の目標を容易に達成することができるというポリシー・ミックスの有効性が議論されている。ポリシー・ミックスは二重の配当とも呼ばれる。課税による税収を活用した補助金が，1つの政策パッケージとして実現され，効果的に汚染物質を削減できることが二重の配当と呼ばれる所以である。

（2）京都メカニズム

　京都議定書の達成は，各国にとって容易ではない。ロシアや東欧諸国のように，体制崩壊による経済停滞が CO_2 排出量を削減させた国は，濡れ手に粟の形で1990年比での削減目標を達成することができ，ホットエアーと呼ばれる余剰排出量を手にした。2011年には南アフリカのダーバンにおいて気候変動枠組条約 COP17 と京都議定書 CMP7 が開催され，2012年の京都議定書約束期間を過ぎた後の，ポスト京都議定書の削減目標が議論された。EU，途上国，日本，そして京都議定書に参加していない米国，削減義務を課されていない2大排出国であるインドと中国の問題などがあり，ポスト京都議定書の新たな枠組みに関する実質的合意は2015年に先送りされた。

　たとえば，GATT ウルグアイ・ラウンドまでは有効に機能していた農産物

輸入自由化交渉が，WTO に引き継がれて以来停滞し，2 国間での EPA/FTA，多国間の TPP に取って代わられている。このように，経済面でのメリット・デメリットが複雑に絡み合う国際問題については，有効な国際合意を得ることは次第に容易ではなくなってきている。

　京都議定書においては，京都メカニズムという削減目標達成を容易にするために市場原理を利用する経済的手法の導入が認められ，これまで各国において新たな市場創設やプロジェクトが実施されてきた。排出量取引は，温室効果ガス排出量の削減目標が決まっている附属書Ⅰ国間で，排出量や排出権を市場で売買できる制度である。クリーン開発メカニズムは，附属書Ⅰ国がそれ以外の国において技術移転などのプロジェクトを実施し，それによって削減された CO_2 排出量をクレジットとして関係国間で分け合うことのできる制度である。共同実施は，附属書Ⅰ国同士が共同で排出削減プロジェクトを実施し，その削減量をクレジットして関係国間で分け合うことのできるシステムである。

　温室効果ガス削減目標達成を容易にする柔軟性措置に関する3つの政策手段が京都メカニズムであり，すでに各国において進められている。日本においても，経済産業省が2008年より排出量取引の国内統合市場の試行的実施を進めている。東京都は，独自に総量削減義務と排出量取引制度を開始しており，第1計画期間である2010—2014年度は5年平均6％削減，第2計画期間である2015—2019年度は平均約17％削減を目標とし，2020年において2000年比で25％削減を目標としている。ただし，東日本大震災と福島第一原子力発電所の事故により，2010年の制度導入早々に先行きを危うくする異常事態に見舞われている。

　いち早く排出量取引市場の創設に取り組んでいるのはEUである。2005年1月より世界最大の排出量取引制度を開始した。EU の域内排出量取引制度はEU-ETS（EU Emission Trading Scheme）と呼ばれ，EU 全加盟国が対象である。EU で排出される CO_2 の約半分，施設数では1万以上の施設が対象となっている。排出量取引制度の仕組みには，キャップ＆トレード方式とベースライン＆クレジット方式がある。ベースライン＆クレジット方式では，排出量が設定されたベースラインを下回る場合には，余剰分がクレジットとして発行されるた

め，そのクレジットを排出量取引に使うことができる。排出量がベースラインを上回っていた場合はクレジットが発行されない。CDM はこの方式に分類される。もっとも一般的な排出量取引の仕組みであるキャップ＆トレード方式では，初期配分（削減量）となるキャップが各国または事業所などに配分される。各主体がその削減量を達成できた場合には余剰排出量を保有し，売り手となることができる。達成できなかった場合には，不足する分を排出量取引市場において購入する買い手となる。EU-ETS においても，キャップ＆トレード方式がとられている。排出量取引は初期配分の決定が難しい。実績値に基づくグランドファザリング方式やオークションなどの方法があるが，削減量が多くなることは，コストの増加による利益の減少をもたらすため，企業にとっては死活問題である。

　京都メカニズムにおける各国間の排出量取引制度では，京都議定書において定められた1990年比での削減目標を達成できなかった場合に，排出量取引によりたとえばロシアなどのホットエアーを，多額の費用をかけて購入せざるを得ない状況も想定される。排出量取引が費用効率の面で優れていることについては，経済学的には明快である。1 単位の CO_2 を削減するためにかかる費用，すなわち限界削減費用がより低い企業や国においてより多くの削減を行い，その削減量を限界削減費用の高い企業や国が購入することにより，経済全体として総削減費用を低減させることができる。各国や企業の限界削減費用を推定することに困難はあるものの，ある約束期間において自社の利益の損失を最小限に抑える努力をしつつ CO_2 排出量を削減した結果，削減目標が達成できたかどうかという点で，売り手と買い手が分かれるため，実行可能性が高く，費用効率的な削減策である。しかしながら，キャップ＆トレード方式における初期配分の設定それ自体，企業や国家にとって将来の費用負担を強いるものであるため，その合意形成は容易ではない。とりわけ，京都議定書においては，各国の限界削減費用に十分な配慮をせずに削減目標が決定されたとの批判がある。さらに，中国を代表とする新興経済国や途上国などが参加していないこともあり，議長国であった日本ですら2011年の気候変動枠組条約 COP17/CMP7 にお

いて，単純な京都議定書の延長には強硬な反対姿勢を見せたため，将来的なCO_2削減のための京都メカニズムの運用に対して暗雲が垂れ込めている。

4　気候変動対策としての緩和と適応

（1）緩和から適応へ

　日本においては，京都議定書という日本の都市の名前を冠した削減目標が頻繁に取り上げられたこと，そしてIPCC第4次報告書がセンセーショナルに報じられたことなどから，CO_2排出量の削減という緩和のための対策に関心が寄せられてきたといえる。京都メカニズムや地球温暖化対策税，クールビズ，さまざまなエコ商品の販売や航空会社のカーボンオフセットなどは，すべて影響緩和のための取り組みである。ところが，ポスト京都議定書の国際合意形成も困難となり，また日本が血の滲むような努力を重ねてわずかばかりの削減を行っても，世界全体で見れば1年間で日本の総排出量以上の温室効果ガスが増加している。今後，CO_2の排出が削減できない場合，つまり緩和が難しい場合には，地球温暖化などの気候変動に対して徐々に対応していく適応策は，消極的に見えるかもしれないが，当面の有効な対策となるだろう。

　IPCC第4次評価報告書において，気温変化は1980～1999年を基準とした2090～2099年の間で0.6～4.0℃という幅のある最良の推定値が示されている。海面水位上昇については0.18～0.59mである。筆者が初めてテレビ番組で温室効果に関するカタストロフィックな将来を見せられた30年前の小学生時代を思い出しても，現代社会における技術革新は予想を超えるものである。当時のSFの世界のテクノロジーの一部はすでに実現しているといえる。したがって，今後100年後の世界を見通すことは困難であるが，次世代の公平性という観点からは，100年後の将来を見据えて対応することも重要である。

　ニコラス・スターン（Nicholas Stern）が2006年に英国政府に向けて提出したスターン・レビューとして知られる『気候変動の経済学（The Economics of Climate Change）』という報告書は有名である。IPCCの議論などにも多大な影

響を与えている。そのスターン・レビューにおいて，世界各国が現時点で行っている対策は，今後40〜50年を超える気候に対してきわめて限定的な効果しか及ぼさないが，今後10〜20年間に実施する対策が21世紀末から22世紀に掛けて劇的な効果を及ぼすことが指摘されている。

　一般の人々が大学を卒業して定年を迎えるまでは約40年間である。その間には対策の効果が及ばないが，その後には影響があるだろうという見通しの説得力は，人によって受け止め方が異なるであろう。世代や個人によって気候変動のリスク認知や時間選好には違いがあるため，気候変動をめぐるさまざまな議論に関する合意形成を行うには，主観的リスクを考慮する必要がある。

　日本は南北に長く，亜寒帯気候から温帯，亜熱帯気候までさまざまである。たとえば，1981〜2010年の気象台の平年値をみると，札幌市の年平均気温は8.9℃であり，仙台市は12.4℃，東京都は16.3℃，福岡市は17.0℃，那覇市は23.1℃である。札幌と那覇を比較するのはやや極端であるが，その差は14.2℃であり，仙台と東京では3.9℃である。過去においても，ヒートアイランド現象などによる都市部の気温上昇など，人々は局地的な気温変化に適応してきた経緯がある。また，農業に関しては，日本の主食である米の生産拡大のため，農業試験場を中心として品種改良に取り組んできた。その結果として，北海道でも稲作が普及し，稲作の北限は延伸し，冷害にあう頻度も技術改良とその普及により低下してきた。適応の問題が語られる場合には，しばしば農業について言及される。世界的に見ても，変動する気候にあわせて適地適作を徐々に進めていくことが，現実的な気候変動対策となるだろう。

　海面上昇に関しては，ツバルやモルディブなどの島国において，国家が水没する危険性が叫ばれるが，CO_2削減のための緩和策は即効性が低く，有効ではないかもしれない。実際に，国家の存亡を揺るがすような海面上昇が起こるのであれば，ホットエアーの買取りにかける資金の一部でも，研究開発やインフラ作りに仕向け，堤防を築き，排水機を整備するなどの直接的な対策に資金を供与する方が費用対効果は高く，現実的な選択かもしれない。

　CO_2と気温上昇の関係を印象づけたいわゆるホッケー・スティック曲線など

にからむイースト・アングリア大学気候研究ユニットのクライメート・ゲート事件や，地球温暖化要因としてのCO_2懐疑論なども盛んに繰り返される。多くの議論が交わされ，多様な仮説に基づき気候変動の解明がさらに進むことにより，気候変動の問題にどのように対応していくことが適切であるかという点について，より良い合意が得られるであろう。

　気候変動枠組条約において国際合意を行い，温室効果ガス削減に向けての努力を行うことが困難となる背景には，誰がコストを負担するのかという問題とともに，誰が気候変動の影響を被るのかという問題がある。たとえば，日本のような先進国が年間数兆円の予算支出を実施するとしても，主にその恩恵を受ける地域が北極海や南太平洋，インド洋の島国であれば，国民の感情に訴え，政府支出への国内合意を取り付けることは難しいかもしれない。CO_2削減のための緩和策については，このような国民合意を妨げる要因が存在する。ところが，数十年から100年以上かけて徐々に悪化する気候変動に適応するため，国内の農業への品種・技術改良を行い，海抜0m地帯における堤防と排水機場建設などに資金を使うということであれば，気候変動の影響と対策の関係が，人々の目に見えやすく，社会的合意形成は容易かもしれない。

(2) 割引率と費用便益分析

　気候変動枠組条約と京都議定書のもとで，削減のための努力を行う緩和策の重要性はいうまでもないが，適応策の重要性も今まで以上に強調される必要がある。気候変動の問題が難しいのは，その影響が徐々に発生し，長いスパンでの問題解決を考えねばならない点である。

　道路や公園，港湾，鉄道，ダム，防波堤などのインフラ整備については多額の費用と年月を掛けて整備を行い，その効果が数十年にわたって発揮されるものも多い。また，林業のように，現在の植林が次世代以降の収入源となるような産業もある。長い年月にわたって便益と費用が発生する場合には，これらのプロジェクトを実施すべきかどうかについて，不確実性を排除した上で合理的な意思決定を行うことは難しい。一般的には，適切な割引率を用いた上で，長

期間にわたる便益と費用を比較することによって意思決定を行うことが多い。

　スターン・レビューでは，気候変動に対する強固かつ早期の対策を行うことによる便益は，その費用を上回ることが示された。さらに，今すぐに行動を起こさない場合には毎年 GDP の少なくとも 5 ％，最悪の場合20％に相当する被害を受けるが，今すぐに適切な対策をとれば，そのための費用は GDP の 1 ％程度で済むことも示された。数十年から100年後の長期間を見通して合理的な意思決定を行うことは困難である。しかしながら，気候変動対策はまさに長期的な視点に立って実施されるものであるため，長期間にわたる議論をあえてせざるを得ない局面に立たされる。その際には，割引率が問題となる。『地球温暖化の経済学』を著したウィリアム・ノードハウス（William D. Nordhaus）は，スターン・レビューの適用した0.1％という低い割引率を批判し，1.5％という割引率を適用した場合には，気候変動による損害が 7 割程度減少することを示した。割引率を変更することにより，スターン・レビューにおけるシナリオにおいて，費用が便益を上回ることも示した。0.1％の割引率の場合，現在の100万円は100年後の90万円とほぼ等価であるが，1.5％の割引率の場合は23万円に過ぎなくなる。日本の公共事業で用いられている 4 ％であれば，たったの 2 万円に過ぎなくなる。長期の問題を考える場合には，割引率の大小が意思決定に大きな影響を及ぼしうることがわかる。

　もちろん，次世代との公平性を考えると割引率は 0 ％で良いとの意見もあり，長期にわたる対策の費用と便益の比較は論争の対象となる。また，気候変動の影響は多岐にわたり，どこの地域にどの程度の影響が起こるかを正確に予測し，把握することも困難である。現在の国際交渉の進捗状況を見ると，緩和への支出により CO_2 排出量を劇的に削減させることは困難である。より正確な予測と対策を取ることができるようになるまでは意思決定を先送りする，いわゆる準オプション価値の考え方も取り入れ，適応を中心として対策を取っていく必要があるかもしれない。

5 今後の気候変動と環境経済政策

　最近は，ゲリラ豪雨や大型台風，ハリケーン，あるいは桜の開花時期の変化など，身近な現象をすべて気候変動の影響にしがちである。一部はヒートアイランドの影響もあるだろうし，メディア報道による刷り込みと誤解もあるかもしれない。世界各国を見ると，北極海の氷山の減少や，氷河の後退などさまざまな現象が，気候変動の証拠として我々に突きつけられている。それらのすべてを検証する手段は一般の人々にはなく，IPCCの評価報告書などの専門的知見を信頼するしかない。しかしながら，国際協調に基づく画期的な温室効果ガス削減の取り決めができない限り，各国が予防原則に基づき，緩和を期待して多額の支出を行うことは，国民的合意を得ることが難しい面もあるだろう。その際には，原因は何であるにせよ，気候変動の人間活動への影響を確認し，その影響回避への対策費用が便益を上回るかを詳細に検討した上で，個々に適応策を講じていくことも重要である。国内の予算を海外のホットエアー購入に使うか，それとも対策が不可欠な部分の適応にのみ使うかは，国際条約の動向とはそれほど関係はないが，福島第一原発と東日本大震災からの復興に資金を投入せざるを得ない日本にとって，今後重要な視点となるだろう。

　地球温暖化対策として日本国内で実行されてきた政策やキャンペーンなどは，緩和に関わるものが圧倒的に多かった。水俣病などの公害や原発事故による大規模な環境汚染を経験した我々は，予防原則に則って行動することの大切さを改めて実感している。しかしながら，不確実性がある場合には，意思決定を遅らせることも，限りある予算と資源を有効に使うためには必要なことである。

　筆者らは，気候変動が主に農業用水の供給に与える影響とそれが日本の食料安全保障に与える影響を調査する研究プロジェクトを実施してきた。ブラジルのように水資源に恵まれた農業地帯がある一方，米国のカリフォルニア州やオーストラリアの南東部などでは干ばつによる水不足も深刻である。気候変動は気温上昇だけではなく，降水量の変化にも関わる問題である。降水量の影響を

もっとも強く受けるのは農業分野である。日本は水資源には恵まれているが，カロリーベースで農産物の6割を海外に依存している以上，他国での気候変動と水資源枯渇の問題にも目を光らせる必要がある。

　たとえば，1990年代前半，米国と並んでオーストラリアにおいても日本の米市場の開放を求める声が強かった。しかしながら，干ばつ続きの影響により，水消費量の多い稲作には不利な状況が続いている。2000-01年には177,000 haあった米の作付面積も，2007-08年にはわずか2,200 haへと減少し，2009-10年には若干回復したが19,000 haしかない。オーストラリアの米輸出量は2002-03年には664,000 tであったが，2009-10年は68,000 tであり，輸入量201,000 tと逆転してしまったほどである。

　食料安全保障を考える上で，これまで投入してきた資金とその効果を考慮すると，国内の自給率アップはたやすくなく，海外からの輸入に頼らざるを得ない。このような現状から，気候変動が輸出国の輸出余力に影響を与えることについても十分に考慮する必要がある。また，農業分野における緩和は限界削減費用が高いものも多いが，作物の品種改良や農業システム全般の見直しなども含めて，予防的に適応を進めておく必要があると考えられる。

　今後の気候変動問題に関する国際交渉の行方は，簡単には予想はできない。これまでは，温室効果ガス削減のための経済的手法を駆使した緩和の発展がめざましかった。国際交渉が温室効果ガス削減のための有効な枠組を提示できない限り，現実に発生している気候変動への適応，そして今後予想される影響への適応を予防的に講じることが重要となるだろう。

参考文献

みずほ情報総研『図解よくわかる排出権取引ビジネス第4版』日刊工業新聞社，2008年。

W. D. ノードハウス，室田康弘・山下ゆかり・高瀬香絵訳『地球温暖化の経済学』東洋経済新報社，2002年。

Stern, W. D. *Stern Review : The Economics of Climate Change,* HM Treasury, 2006.

薮田雅弘『コモンプールの公共政策』新評論，2004年。

（吉田謙太郎）

第4章

生物多様性の危機と地域政策

　　　　生物多様性という言葉の正確な定義はわからなくとも，多くの生
　　　物が存在することを示す言葉であることはイメージできるであろう。
　　　しかし，生物多様性の危機を回避するための方策は，それほど知ら
　　　れていないかもしれない。2011年6月には，小笠原諸島が世界遺産
　　　に登録された。孤島に形成された固有の生態系を危機から守るため，
　　　外来生物対策などが行われてきた。生物多様性保護に反対する人は
　　　少ないかもしれないが，保護の実現には，資金調達や利害関係者の
　　　合意形成など多くの課題がある。2010年10月には名古屋市で生物多
　　　様性条約第10回締約国会議が開催され，名古屋議定書と愛知目標と
　　　いう重要な議題が採択された。孤島の固有種保護や国際会議は遠い
　　　出来事のように感じるかもしれないが，生物多様性は個々の地域で
　　　の取り組みの積み重ねによって守られる。本章では，生物多様性の
　　　危機と地域政策について理解を深めることがねらいである。

1　生物多様性の危機

　2010年10月，名古屋市において，生物多様性条約第10回締約国会議
(COP10) が開催された。遺伝資源へのアクセスと利益配分（Access and Benefit
-Sharing：ABS）に関する名古屋議定書，そして生物多様性に関する2010年以
降の保全目標などを定めた愛知目標という日本の地名を冠した2つの決議事項
が採択され，日本国内においても注目が集まった。

　生物多様性条約は，1992年にブラジルのリオ・デ・ジャネイロで開催された
地球サミットにおいて，気候変動枠組条約とともに誕生した条約である。生物
多様性（biodiversity）という言葉は，生物学的多様性（biological diversity）を短

縮したものであり，1988年に出版されたエドワード・ウィルソン（Edward O. Wilson）の著書以来，広く普及した言葉である。

　COP10の前後には，多くのメディアにおいて生物多様性の問題が盛んに取り上げられた。トキやコウノトリなど再導入された種の保護増殖活動，ツシマヤマネコやヤンバルクイナなどの絶滅危惧種の保護活動にも注目が集まった。長崎市出身のアーティスト福山雅治さんがナビゲーターを務めたことでも話題を集めたNHKスペシャル「ホットスポット最後の楽園」などの良質のドキュメンタリー番組も増加した。生物多様性の分野では，ホットスポットという言葉は，多くの固有種を育みつつも絶滅危惧の動植物が多い地域を意味する。2011年6月には豊かな固有種を育む小笠原諸島が，ユネスコの世界自然遺産に登録されたことも，野生動植物保護や外来種の問題に関心を集める契機となった。

　ところで，2011年11月，インドネシアのジャワ島にあるグヌン・ハリムン・サラク国立公園において，筆者が希少種保護に関する調査をしている際に，ベトナムのカティエン国立公園に生息する最後のジャワサイが密猟によって絶滅したことが確認されたとのニュースを知った。ジャワサイは，ジャワ島のクーロン国立公園に約50頭が残されるのみとなった。繁殖可能性のあるメスのジャワサイは4，5頭であるとの地元研究者らの見方もあり，個体群の維持は困難と見られ，絶滅は回避できない可能性が高い。生息域となる地域の開発に加え，角の違法取引を目的とする密猟によりジャワサイの生息数は激減してきた。大型ほ乳類や鳥類の絶滅，そして保護活動については国内外に数多くの事例がある。このような問題は，生物多様性とその危機を知る上で重要な示唆を与えるものである。

　本章では，国際条約や国内の法制度，そして地域政策について，生物多様性に関する議論を包括的に紹介する。

2　生物多様性と生態系，生態系サービス

（1）生物多様性と生態系

　生物多様性は，生物多様性条約第2条において「すべての生物（陸上生態系，海洋その他の水界生態系，これらが複合した生態系その他生息又は生育の場のいかんを問わない）の間の変異性をいうものとし，種内の多様性，種間の多様性および生態系の多様性を含む」と定義されている。生物多様性国家戦略においては，「すべての生物の間に違いがあること」と簡潔に表現されている。生物多様性は，種の多様性と生態系の多様性，遺伝子の多様性の3つに区分される。

　種の多様性とは，大型のほ乳類や樹木から細菌に至るまで，自然界には多様な生物が生存していることを示す。

　遺伝子の多様性とは，同じ種のなかでも各個体がもっている遺伝子が異なり，多様な個性があることを示す。遺伝子の多様性の例として，アサリなどの二枚貝の貝殻の模様がしばしば引き合いに出される。同種の生物をみても，各個体の姿形はそれぞれ異なることからも種内の多様性が理解できる。

　生態系の多様性とは，山地，ツンドラ，亜寒帯林，温帯林，温帯草原，熱帯林，サバンナ，低木林，砂漠，海洋などの多様なバイオーム（生物群系）が存在することを示す。生態系とは，そもそも「非生物的環境（水・土壌など）」と「生物」の相互作用によって構成される一定の区域をさす用語である。2010年5月に発表された生物多様性総合評価においては，日本における代表的な生態系の種類は，森林生態系，農地生態系，都市生態系，陸水生態系，沿岸・海洋生態系，島嶼生態系に分類されている。また，生物多様性国家戦略2010では，奥山自然地域，里地里山・田園地域，都市地域，河川・湿原地域，沿岸域，海洋域，島嶼地域に地域区分されている。

（2）生態系サービス

　生物多様性と生態系は，人間からの影響を受けるとともに，人間へも多大な影響をおよぼす。私たちは多くの場合，生物多様性や生態系を人間生活にとってのメリットとデメリットから考えることが多い。そのような人間生活への影響は，生態系サービスと呼ばれている。

　2001年から2005年にかけて95カ国から1,360人の専門家が参加し実施された国連ミレニアム生態系評価は，生態系サービスという概念とその現状についての包括的な展望を与えた国際的プロジェクトであった。生態系の変化が，人間の福利にどのような影響を及ぼすのかを示し，さまざまなレベルでの意思決定や保護活動に役立つ情報を提供した。ミレニアム生態系評価において，生態系サービスは基盤サービスと供給サービス，調整サービス，文化的サービスに分類される。

　基盤サービスには，栄養塩の循環，土壌形成，一次生産などが含まれる。基盤サービスは，人間生活に直接影響を与えることは少ないが，その他のサービスの基盤として重要な役割を果たす。供給サービスは，人間生活にとって必要不可欠な物資を供給する役割であり，人々にもっともなじみがあり，重要性の高い機能である。食料，淡水，木材および繊維，燃料などの供給が含まれる。調整サービスは，人間の生活環境を快適かつ安定したものに調整する役割である。気候調整や洪水制御，疾病制御，水の浄化などが含まれる。文化的サービスは，人々の心に与える影響や余暇活動などを豊かにする役割である。審美的，精神的，教育的，レクリエーションなどのサービスが含まれる。

　基盤サービス，供給サービス，調整サービス，文化的サービスを総称して生態系サービスと呼ぶ。地域や個人によってその依存度は異なるが，基本的に人類は生態系サービスに依存してこれまで生活を営んできた。これらの生態系サービスが人間に与える影響を考える際に，人間の福利という言葉が用いられる。人間の福利は，「快適な生活のための基本的物資」，「健康」，「良好な社会関係」，「安全」，「選択と行動の自由」という要素から構成される。生態系サービスは人間の福利に対して直接的，間接的影響を与えるため，生物多様性と生態系の

有する人間生活に対する役割を理解する上で重要なシグナルとなる。もちろん，生態系サービスは人間生活にとって有益なものだけではなく，マイナスの影響を与えるものもある。

3　生物多様性の危機とその対策

（1）生物多様性の危機と2010年目標

　現在は，地球始まって以来第6回目の大量絶滅時代を迎えているといわれている。現在の大量絶滅には人間活動の影響が強く，絶滅の危機を回避するためさまざまな対策が取られてきた。IUCN（国際自然保護連合）の2011年版レッドリストによると，既知の生物種数（脊椎動物，無脊椎動物，植物，菌類および原生生物）は，亜種・変種を含まずに172万8,201種ある。そのうちの5万9,508種について評価を行った結果，1万9,265種が絶滅危惧の状況にあることが明らかとなった。未知の生物種数は正確に把握できないため，絶滅種数についても正確なことはわからないが，IUCN は人間活動がない状況と比較すると1,000～10,000倍程度の絶滅速度であるとしている。

　2002年にオランダのハーグで開催された生物多様性条約第6回締約国会議において，「2010年までに，貧困緩和と地球上すべての生物の便益のために，地球，地域，国家レベルで，生物多様性の現在の損失速度を顕著に減少させる」という2010年目標を各国政府が合意した。しかしながら，2010年5月に公表された地球規模生物多様性概況第3版（Global Biodiversity Outlook 3：GBO3）において，2010年目標へ向けての各国の努力が生物多様性の危機を緩和してはいるものの，すべての目標が達成されなかったことが明らかとなった。

（2）生物多様性条約における名古屋議定書と愛知目標

　生物多様性条約は1992年にリオ・デ・ジャネイロで開催された地球サミット（環境と開発に関する国際連合会議）において調印され，1993年に発効した。2010年10月時点で192カ国と EU が締結しているが，米国は未締結である。第

1回締約国会議（COP1）がバハマのナッソーで開催されて以来，現在は2年に1回の間隔で締約国会議が開催されている。

生物多様性条約の主要な目的は，以下の3つに要約される。

(1) 生物多様性の保全
(2) 生物多様性の構成要素の持続可能な利用
(3) 遺伝資源の利用から生ずる利益の公正かつ衡平な配分

つまり，地球上の多様な生物をその生息環境とともに保全すること，生物資源を持続可能であるように利用すること，そして遺伝資源の利用から生ずる利益を公平かつ衡平に配分することである。このことから理解されるように，生物多様性を人々の利益にかなうよう持続的に利用することも重要な目的となっている。

名古屋市で開催されたCOP10では，遺伝資源へのアクセスと利用に関する名古屋議定書，そしてポスト2010年の生物多様性保護の目標を示した愛知目標が採択されたことにより，国内だけでなく，国際的にも注目を集めた。また，2010年は国連が定める国際生物多様性年でもあった。名古屋議定書の正式な名称は，「生物の多様性に関する条約の遺伝資源の取得の機会およびその利用から生ずる利益の公正かつ衡平な配分に関する名古屋議定書」である。この名称が示すとおり，名古屋議定書の目的は，遺伝資源の利用から生ずる利益を公正かつ衡平に配分すること，そしてこれによって生物多様性保全およびその構成要素の持続可能な利用に貢献することである。

生物・遺伝資源にもっとも依存する産業は農業や製薬業などである。これまでにも，生物多様性が豊かな地域から主に採取した生物資源は，人工的に交配，精製，また派生物を生産することにより，人類の生存と健康に役立てられてきた。よく知られた例では，マラリア特効薬のキニーネがアンデス山脈の先住民に解熱剤として利用されていたキナの樹皮から発見され，インフルエンザの治療薬タミフルが中華料理の食材である八角から抽出されたことなどがある。

生物多様性が豊かな地域は世界中に散在するし，生物資源の中から医薬品・食料などに利用可能な有用な遺伝資源を発見するバイオプロスペクティング

（生物資源探査）の時間と費用を考慮しなければ，さまざまな生態系から有用な遺伝資源を探り当てることも可能であるといわれる。しかしながら，主に発展途上国に集中する熱帯林の多様性の豊かさは他地域の追随を許さず，これまでにも数多くの有用な遺伝資源が発見，利用されてきた。

生物多様性条約が発効する以前は，生物・遺伝資源は全人類共有の財産とみなされていたが，主に発展途上国における収奪的な生物資源採集の問題に対する反発もあり，適正な利益配分を求める声が大きくなりつつあった。そのため，生物多様性条約発効後は，生物・遺伝資源は原産国の財産として認めようとする方向に転換した。名古屋議定書では，議定書発効以前の生物取得への利益配分は認めない，先住民の伝統的知識（traditional knowledge）に基づく薬効成分にも利益配分を行う，学術研究は簡素な手続きで生物を取得できるようにする，不正取得の審査機関の設置を義務化するなど具体化され，ABSについて大きな進展があった。

名古屋議定書とともに，ポスト2010年の生物多様性保全の目標である愛知目標が採択されたことも重要な会議の成果であった。2010年目標が事実上達成できなかったことを踏まえ，締約国に対する強制力はないが，努力目標として新たに2011年以降の保全目標を定めたものである。2050年までには，生物多様性が評価，保全，回復，賢明に利用され，それによって生態系サービスが保持され，健全な地球が維持され，すべての人々に不可欠な恩恵が与えられる「自然と共生する」世界の実現を目標としている。そして，2020年までには，生物多様性の損失を止めるために効果的かつ緊急に行動を実施することが目標とされている。具体的には，戦略目標A〜Eの下，20個の目標が定められている。目標11においては，2020年までに，少なくとも陸域および内陸水域の17％，また沿岸域および海域の10％を，保護地域システムやその他の効果的な地域を基盤とする手段を通じて保全することが目標とされている。

骨子となる戦略目標は，つぎの5つである。

戦略目標A：各政府と各社会において生物多様性を主流化することにより，生物多様性の損失の根本原因に対処する。

戦略目標B：生物多様性への直接的な圧力を減少させ，持続可能な利用を促進する。
戦略目標C：生態系，種および遺伝子の多様性を守ることにより，生物多様性の状況を改善する。
戦略目標D：生物多様性および生態系サービスから得られるすべての人のための恩恵を強化する。
戦略目標E：参加型計画立案，知識管理と能力開発を通じて実施を強化する。

（3）生物多様性国家戦略と3つの危機

　日本において，野生生物保護への取り組みは古くから行われてきた。保護事例を取り上げると枚挙にいとまがないが，たとえば大型鳥類であるツルについては，江戸時代には幕府や大名の権威の象徴として全国各地で保護されていた。その後，明治時代は逆に狩猟対象となり乱獲が行われたため，1887（明治20）年には山口県令により八代村のツル捕獲が禁止となった。これが鳥獣保護に関する初めての法的措置とされている。1921（大正10）年には動物の天然記念物指定の第1号として，「八代のツル」「鶴山のコウノトリ」「奄美大島のルリカケス」「鹿児島のツル」が指定された。

　国際条約に関しては，1980年にラムサール条約（とくに水鳥の生息地として国際的に重要な湿地に関する条約）とワシントン条約（絶滅のおそれのある野生動植物の種の国際取引に関する条約）に日本も加盟した。その後，1993年に日本が生物多様性条約を締結し，それに基づき，生物多様性国家戦略を策定してきた。1993年に屋久島と白神山地が世界自然遺産に登録されたことも，自然保護の問題を主流化する上では重要なシグナルとしての役割を果たしてきた。

　国内では，2005年に生物多様性基本法が制定・施行された。それ以前には，1995年10月に初めての生物多様性国家戦略が策定され，2002年3月に新・生物多様性国家戦略が策定された。その後，2007年11月に策定された第3次生物多様性国家戦略において，生物多様性の危機として，日本の特徴を踏まえ，3つの危機と地球温暖化による危機が強調された。2010年3月に策定された生物多

様性国家戦略2010においても同様である。3つの危機のなかでは，第2の危機として，主に里地里山地域における生物多様性の危機を取り上げたことは特筆すべきである。農家が農用林や薪炭林として使用してきた従来の里山は，全国各地にも数えるほどしか残っていないかもしれない。しかしながら，人為的働きかけの減少による生物多様性の変化に着目し，2010年のCOP10においてSATOYAMAイニシアティブの留意へとつなげたことは重要である。3つの危機の内容は，下記のとおりである。

第1の危機：人間活動ないし開発が直接的にもたらす種の減少，絶滅，あるいは生態系の破壊，分断，劣化を通じた生息・生育空間の縮小，消失。

第2の危機：生活様式・産業構造の変化，人口減少など社会経済の変化に伴い，自然に対する人間の働きかけが縮小撤退することによる里地里山などの環境の質の変化，種の減少ないし生息・生育状況の変化。

第3の危機：外来種や化学物質など人為的に持ち込まれたものによる生態系の攪乱。

上記の3つの危機に加えて，地球温暖化の進行が地球上の生物多様性に対して深刻な影響を与えつつあること，そして将来的に，地球温暖化が多くの種の絶滅や脆弱な生態系の崩壊などさまざまな状況を引き起こすと予測されていることが危機として取り上げられている。

日本は，人類の活動などにより絶滅危惧に瀕している固有種が多い世界34カ所のホットスポットのうちの1つであり，さまざまな対策が講じられてきている。個体数が回復した野生動物も多いが，それらの対策にもかかわらず，さまざまな動植物が絶滅の危機に瀕していることも事実である。

4　生物多様性の経済価値と主流化

(1) 生物多様性の主流化と経済価値の見える化

生物多様性の危機を克服し，生物多様性の価値が社会やビジネスの場において，ごく当たり前のこととして取り込まれることを「生物多様性の主流化」と

いう。生物多様性の価値には，人々が食料や木材として直接的に利用し，レクリエーションなど間接的に利用することによる利用価値がある。また，非利用価値といって，世界中に豊かな自然環境が残され，生物多様性が保護されることに対してそれらの人々が抱く価値もある。

多くの人々は，自然環境を保護したいという欲求を心の中に抱いており，ときにそれらが寄付金などの形で表現されることもある。このような価値は，直接的に市場で取引される商品とは異なり目には見えにくいが，自然保護を行う上で重要な動機付けとなるものである。さらに，生物資源や生物多様性に関しては，お金を支払わずに利用する人々を排除できないという非排除性を有することが多い。また，たとえばイリオモテヤマネコが守られるということに人々が価値を感じる場合，価値を感じる人々が他に何人いたとしても，1人当たりの価値は減少しないという非競合性を有する。このように，公共財としての特徴を有することから，生物多様性の価値は人々の目には見えにくく，また市場経済の内部に取り込まれることも少なく，さまざまな危機にさらされてきた。

（2）TEEB

TEEB（The Economics of Ecosystems and Biodiversity：生態系と生物多様性の経済学）という国際的プロジェクトは，生物多様性の価値の見える化と主流化に力点をおいて進められてきたプロジェクトである。日本としては，生物多様性国家戦略2010においてもTEEBの支援が記述されるなど，主流化を考える上では重要な役割を果たしてきた。

生物多様性条約第9回締約国会議において，パバン・スクデフ氏をリーダーとするTEEBの中間報告が注目を集めた。TEEBの目的は，生物多様性の地球規模での経済的便益に関心を集め，生物多様性の損失と生態系の劣化に伴い増加する費用を際立たせ，科学と経済学，政策分野からの専門的知見を引きつけ，前進するための実践的な行動を可能にするための主要な国際的イニシアティブの構築にある。TEEBの具体的な目的は，生態系サービスの真の経済的価値への理解を深め，この価値を適切に計算するための経済的ツールを提供す

ることにある。第1段階として，生態系と生物多様性の重要性，そして現在の破壊と損失を逆転させるための行動を起こさなければ人間の生活が脅かされることを例証している。第2段階として，適切なツールと政策を設計するために，どのようにこの知識を使うべきかが例証されている。

　第1段階では，現在認識されていない生態系サービスの価値を評価し，新しい市場と適切な政策手法を開発することにより，生態系の破壊にかかる費用を把握するとともに，生態系サービスの費用と便益を測定することが目標の1つとして掲げられている。第2段階では，サービスの供給と使用に対して取引可能な価値を与えるコンプライアンス市場を推奨することが第1の目標として掲げられている。コンプライアンス市場とは，環境関係の法律や規制を遵守する過程で生じるプラス・マイナスを取引する市場であり，生態系サービスへの支払い（Payment for Ecosystem Services: PES）も含まれる。

　2010年10月に名古屋で開催されたCOP10にあわせてTEEB統合報告書が公表された。タイトルは，「自然の経済学を主流化する（mainstreaming the economics of nature)」であり，その主要な結論の1つとして，多段階アプローチによる価値付けが推奨された。多段階アプローチの方法は，第1段階：価値を認識する（recognizing value），第2段階：価値を証明する（demonstrating value），第3段階：価値を捉える（capturing value）である。

　第1段階は，生物多様性に価値があることを人々が認識することである。場合によっては，人々が価値を認識するだけでも保護や持続的利用は達成されることが示された。第2段階は，生物多様性保護の費用と便益を経済価値に変換し，人々に生物多様性の価値を証明することである。それが価値の「見える化」につながる。そして，第3段階は，経済的インセンティブや価格シグナルを通じて，生物多様性の価値を意思決定に取り込むことである。その場合に，経済効率性だけではなく世代間・世代内の公平性も考慮することが重要であると示された。TEEBにおいては，生物多様性の価値をあらゆる面から検討した上で，価値を見える化するための手法，そしてそれを具体的な政策やビジネスに取り込むための主流化の方法が示されている。

(3) 生態系サービスへの支払い

　生物多様性の価値を見える化し，それをビジネスや政策的意思決定に組み込む主流化の重要性については理解できるだろう。しかしながら，その方法は多様である。生物多様性の保護の手法には，生息数調査に始まり，国立公園など保護地域設定による入域規制，絶滅危惧種の保護増殖活動などさまざまなものがある。保護活動には，モニタリングなどに多額の資金が必要なものも多く，資金供給メカニズムの構築が求められている。

　最近では，市場メカニズムを活用した生物多様性や生態系サービスの取引，そして保全活動事例が増加してきている。PESには「生態系サービスそのものに対する支払い」，そして「生態系サービスを保証する土地利用に対する支払い」の2種類がある。PESの定義は，「明確に範囲が定められた環境サービス，またはそれらのサービスを担保する土地利用が，サービスの供給者から購入者へ販売されるという自発的な取引」である（Engel et al., 2008, p. 664)。しかしながら，現状においては，PESという用語は市場をベースとした多様な保全メカニズムの呼称として使用されている。FSC (Forest Stewardship Council：森林管理協議会) などの環境認証，国立公園やエコツーリズムの入場料なども含まれ，最近ではより広義に使用される傾向がある。

　国内における代表的なPESには，森林保全のための地方環境税がある。2003年の高知県の森林環境税導入以来，全国30県において導入されている。また，ラムサール条約登録湿地である宮城県大崎市の蕪栗沼・周辺水田のように，有機農業と冬期湛水田を実施し，生産物にプレミアム価格を付加して販売する生き物マーク米の事例も全国的に増えている。

　米国などでは，自然開発による影響を緩和するためのミティゲーションが進んでいる。コンサベーションバンクやスピーシーズバンクなどが設立され，自然開発による環境劣化をオフセットするため，湿地や希少生物生息地の市場取引が実施されている。自然環境の開発と保全を相殺することによるノーネットロスの原則から，さらに自然環境を豊かにするネットゲインの原則にまで拡張されている。

このように，PESの考え方は，生物多様性保護を地域政策として取り組むための手順とその方向性を示すものである。生物多様性が実際に人々に利用される代表的な形態としてエコツーリズムがある。豊かな自然環境を育む地域は概して過疎に悩まされ，自治体の予算も限られる。外来種の防除や，生息環境などの専門的調査を実施するにも予算が必要である。各地域の世界自然遺産を見てもわかるとおり，登録によって観光客数は増加するが，急増する観光客数による自然環境の破壊も懸念され，その対策にも多額の費用が必要である。たとえば，屋久島におけるトイレの維持管理費用は，観光客からの協力金に頼らざるを得ないが，約7割の登山客がフリーライダー（支払いを行わないただ乗り）であるため，不足分は自治体からの持ち出しとなっている。観光客に対して入場料に類する費用負担を義務づけすることも1つの有効な手段である。しかしながら，観光客数制限というシグナルが観光客に伝わり観光客数が減少する可能性があるため，自然環境を地域活性化手段と考える多くの地域住民にとって受け入れがたい提案でもある。

　このように，世界遺産として多くの観光客を集める地域であっても，観光のために最低限必要な施設の維持運営に関する費用を受益者負担にすることは容易ではない。全国各地において，自然環境には重要な価値があり，それを将来にわたって保護することにより，持続的な利用と収入の確保が図ることができることを，PESの導入により実証していくことが今後の重要な課題となるだろう。

5　地域政策としての生物多様性保全

　本章では，生物多様性と生態系，生態系サービスの保護・保全に関わる問題について，危機と対策という観点から論じてきた。本節では，生物多様性の問題がどのように地域に関わりをもつのかについて論じることにより，本章のまとめとしたい。

　日本国内では，生物多様性条約COP10の余韻がまだ色濃く残り，生物多様

性の問題が国際的な場で議論すべき問題であるとの認識があるかもしれない。生物多様性の個々の構成要素である生物種や生態系，遺伝資源は，人々が容易に近づけない奥山から里地・里山，都市公園，海洋に至るまで各地域に存在している。これまでと同様に，各地域のイニシアティブにより，生物多様性保護の活動や政策を積み上げていくことが，結果として世界全体でみた生物多様性保護へとつながっていくのである。すなわち，地域住民やNPOなどによる草の根の取り組みが，貴重な自然環境保護に決定的な役割を果たす余地がある。

TEEBの多段階アプローチに示されるように，人々が価値を認識するだけで生物多様性保護が成立する場合には，価値の証明や市場化，ビジネス，政策への展開は必要ないかもしれない。しかしながら，重要な自然環境の存在について，地元の人々は見過ごす場合もあるし，逆に鋭敏に気づきながら，地域外の人々がその価値に気づかず，乱開発される場合もある。たとえば，地元では昔からその存在が知られていたヤンバルクイナやヤンバルテナガコガネなどの固有種は，天然記念物として国内において重要な保護対象となり，将来の世界遺産登録に向けて歩み出すほどの価値を有する。しかしながら，森林伐採や公共事業，外来生物の導入などにより，その生息環境は悪化している。

TEEB報告書（D2）にケーススタディとして取り上げられた奥会津森林生態系保護地域を対象とした経済価値評価の結果から，実際に利用と保護を両立させてきた地元における意識と地元以外の主に都市住民の考え方には隔たりがあることが明らかとなった（吉田，2010，31頁）。両者ともに，森林生態系を保護することに価値を有することは同じであるが，地域外から見た場合，単純かつ厳格な利用規制を伴う保護地域指定を望む意見が強い。ところが，地元では従来からの持続的な利用に対して，他者から口を挟まれることに警戒感が強い。福島県南会津郡では，自然保護に対する意識も高く，また国有林の割合が高いこともあり，利用規制を伴う奥会津森林生態系保護地域の導入，そして2007年の尾瀬国立公園の分離と追加的地域の編入に対しても地域内で合意形成がなされた。ところが，一般的には，利用規制を伴う保護地域指定については合意形成が困難な場合も多い。その背景には，一旦，全国的な規制下に入った場合，

地元の目の前にありながら，地元の自由な利用が制約されることを危惧するのである。また，一部の過激な団体などが地元の伝統的利用を収奪的であると攻撃する場合が往々にしてあること，そして（商業的）密猟者がネガティブなイメージを植え付ける場合もある。保護と開発の対立が，地域内の利権争いの対象となってしまう場合なども多々ある。

　日本に限らず，開発と自然保護の論争が地域内で繰り返されることもいまだに多い。過剰な国土開発による過疎地域への公共事業の集中，そしてバブル期のリゾート法による巨大リゾート開発の失敗を経て，費用対効果の低い，雇用創出目的の旧来型の過剰な公共事業に対する見直しが進められてきている。ところが，開発と保護に関するパラダイムシフトへの認識は，遅々として全国各地に普及していかない。とくに，人口の少ない山間地域や島嶼地域などにおいては，地域経済に占める公共事業の割合が高く，そうした地域に豊かな自然環境が残されていることは，生物多様性保護に関する社会的合意形成を難しくする要因である。

　日本国内では，東日本大震災や福島第一原子力発電所事故など国を揺るがす問題が生じている。今後，社会の構造や政府支出，人々の意識などさまざまな部分において変化が生じるであろう。そのようななか，生物多様性保護の問題について，身近な自然を保護する意識を個々人がもつことが，生物多様性を危機から守るためにまず必要なことである。そのために PES などの方法を使い，主流化につなげていくことが今後の重要な課題である。2012年には，生物多様性版 IPCC (Intergovernmental Panel on Climate Change：気候変動に関する政府間パネル）である IPBES (Intergovernmental science-policy Platform on Biodiversity and Ecosystem Services：生物多様性および生態系サービスに関する政府間科学政策プラットフォーム）も発足する予定であり，今後の国内外における議論のさらなる活発化に寄与するだろう。

参考文献

　Engel, S., S. Pagiola, and S. Wunder, "Designing Payments for Environmental Services in Theory and Practice: An Overview of the Issues," *Ecological Economics*, 65:663-674, 2008.

林希一郎『はじめて学ぶ生物多様性と暮らし・経済』中央法規, 2010年。

吉田謙太郎「生物多様性の経済評価と生態系サービスへの支払い」『環境情報科学』39(3): 27-32, 2010年。

Millennium Ecosystem Assessment 編, 横浜国立大学21世紀COE翻訳委員会訳『国連ミレニアム エコシステム評価 生態系サービスと人類の将来』オーム社, 2007年。

ウィルソン, エドワード・O., 大貫晶子・牧野俊一訳『生命の多様性Ⅰ・Ⅱ』岩波書店, 1995年。

(吉田謙太郎)

第5章

ストック政策としての地域再生と地域環境政策

　　本章は，持続的な地域社会を実現する「社会と環境のストック政策」について考察する。そのため第1節では，人口動態により地域の変動と衰退の傾向をみて，社会資本および自然資本のストック政策の意義を明らかにする。第2節では，淡路剛久，神野直彦，諸富徹およびオストロムに聞きながら，地域再生の課題を明らかにし，地域におけるストック政策の意義を解明する。第3節では，地域再生法，環境基本法，環境基本計画および循環型社会形成推進計画といった国策がどのように持続可能な地域形成に関係しているのか考察する。第4節では，湯布院，綾町，豊後高田，といった町づくりの成功事例を通じて，地域マネジメントにおける社会資本と自然資本のストック形成の重要性を理解する。

1　人口動態と地域コミュニティの衰退

（1）地域の人口変動

　2009年に実施された国勢調査における人口移動をみると，少子・高齢化のなかで大都市部の人口増加は相変わらず進み，地方からの人口流出が続いている。東京圏・大阪圏では人口増加にもかかわらず所得の格差が拡がり，スラム化傾向のある周辺部では，高い失業率のなかで家庭崩壊や犯罪の増加，荒廃と殺伐とした雰囲気が広がっている。また地方圏では相変わらず人口流出する地域が多く，人口流動，職住分離といった社会の変化に伴って，地縁的なつながりが希薄化し，地域コミュニティが衰退する傾向にある。これは地域における安全・安心の確保を危うくしている。

　2005年の『国土交通白書』（以下『白書』）に載った，地域コミュニティの状

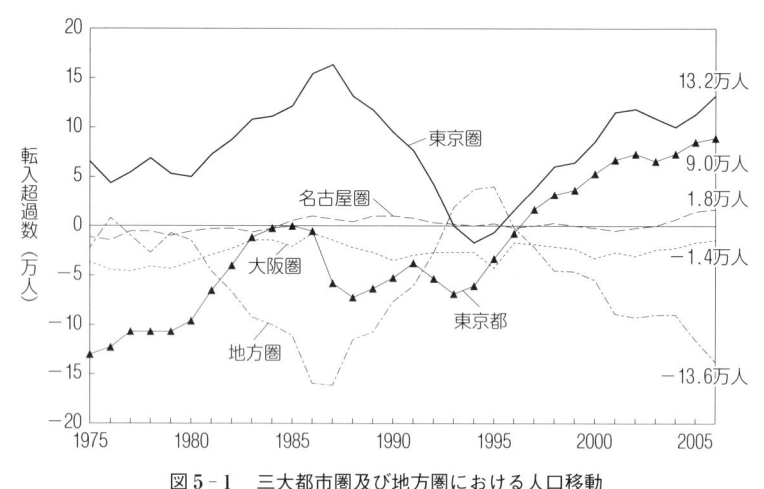

図 5-1 三大都市圏及び地方圏における人口移動
(出所) 総務省「住民基本台帳人口移動報告」をもとに国土交通省国土計画局作成。
(注) 上記の地域区分は以下のとおり。
　東京圏:埼玉県,千葉県,東京都,神奈川県　名古屋圏:岐阜県,愛知県,三重県
　大阪圏:京都府,大阪府,兵庫県,奈良県
　三大都市圏:東京圏,名古屋圏,大阪圏　地方圏:三大都市圏以外の地域

況を把握する調査によれば，15大都市においてコミュニティはかなりの衰退が進んでいる。町村部においても，15大都市ほどではないものの衰退していると評価されている。

　＊15大都市は札幌市，仙台市，さいたま市，千葉市，川崎市，横浜市，静岡市，名古屋市，京都市，大阪市，神戸市，広島市，北九州市，福岡市及びと東京都区部。

『白書』によれば，都市部における問題は，地縁的なつながりと共通価値観の希薄化であり，原因は人口増と活発な経済活動のもとでの長期定着人口の減少と，居住地における昼間人口の減少である。中間地帯では都市部に比べて地縁的なつながりは比較的強いものの，都市化に伴いこれは徐々に希薄化しており，一部で経済活動の安定に苦慮し，過疎化が進行している。

　このように都市部はコミュニティに問題を抱えているのであるが，地方や周辺部の農林漁村地域の過疎化はさらに深刻である。これらの地域では地縁的なつながりが比較的強いが，人口は減少し，高齢化が進み，地域経済は縮小して

コミュニティの維持が困難な場合もある。この地域コミュニティの衰退は，地域における資源・文化・家族・地域社会に問題を生じさせている。

『白書』の指摘する農林漁村地域での自然環境の破壊も深刻である。この地域での水資源，自然環境，食料生産能力の維持機能の弱化は都市部の環境基盤の脆弱化をもたらしている。農業の衰退と農山村の人口の減少は里山を崩壊させ，野生動物が市街地にも現れ，お祭りや地域の行事，町並み・風景が失われ，地域アイデンティティの象徴であった地域の特色・文化・観光資源がなくなり，地域の特色ある景観が失われている。『白書』によれば，もともと福祉や教育・雇用対策や司法・消防といった公的活動と個人や家族の中間機能を果たした地域コミュニティが失われ，住民の安全・安心が脅かされ，個人や家族には，家庭内暴力や虐待，非行やひきこもり，病気，障害，孤立，失業，貧困といった自分たちでは解決できない問題が生じている。ここから災害等の危機的状況に対応する機能も損なわれつつある。

（2）地域空間資本としての社会資本と自然資本

このような地域の変動（衰退）は，市場の弊害に対する国家の福祉支出といった伝統的な「福祉国家の経済学」を超えた，地域空間の機能をつかむ経済学を要請している。その場合80〜90年代に空間経済学を提唱したのは経済地理学者のデヴィッド・ハーヴェイや藤田昌久，ポール・クルーグマンらであったが，地域空間の人間関係の把握として，ロバート・パットナム（Robert Putnam）の社会資本（Social Capital）概念が注目される。パットナムはこれを「社会的なネットワークとそれに付随する互酬的規範」と定義した。これまで経済学は道路や港湾，住宅・公園・緑地・工業用地・上下水道・公営住宅や病院学校を社会的間接資本（インフラストラクチャー）と呼んできたが，パットナムの社会資本には，「社会問題に関わっていく自発的団体の多様さ」あるいは「社会全体の人間関係の豊かさ」といった社会関係が「資本」（ストック）と把握されている。このような社会資本は，社会における人的関係の概念であり，コミュニティ機能を包摂する地域や町づくりの社会的な空間機能を把握するのに有

効である。

　アメリカの政治・政策学者エレノア・オストロムは、コモンズを統治して持続的社会をマネジメントするために、自己組織的で自治的な制度としての「共同貯蔵資源」（CPRs：Common-pool resources）を提唱した。また経済史家のダグラス・ノースは経済効果を測定するために「経路依存とイノベーション」を重視し、制度的枠組みの経済効果に目を向けた。これらの概念も複雑な地域社会の空間機能を把握するのに役立つ。

　また、地域の衰退をもたらす山・森林・海・川・大気・土壌といった自然資源の荒廃という空間の機能について、生態環境経済学者ロバート・コスタンザ等が提唱した自然資本 Natural Capital 概念が注目される。コスタンザ等はこれを居住、生物、生態系の属性および過程に関わる大地の生命を維持するストックと定義し、生態系サービスや鉱物資源、化石資源の供給源に適用した。このような自然資本は外部経済だけではなく、地球温暖化などの外部不経済をも生み出す。自然資本は、地域における自然資源の機能と、自然と人間の環境的共生関係を把握する空間的ストック概念として有効である。コスタンザ等は生態系サービスを気候変動、水供給、森林、栄養、廃棄物処理、食料、遺伝資源、リクレーション、文化などの17のカテゴリーに分類した。この自然資本の適切なマネジメントは、地域衰退を引き起こす自然資源破壊を食い止め、地域を持続可能な社会に再生させる。これら自然資本と社会資本の概念は地域再生のストック分析に有効である。

2　地方再生の戦略

（1）ストック政策としての地域政策：淡路教授

　地域における社会資本と自然資本のマネジメントについて、具体的に考察を加えてみたい。淡路剛久監修『地域再生の環境学』（東京大学出版会、2006年）は、2000年代における地域再生と環境政策との融合が、ストックの視点から把握され「サステーナブルな社会への転換」と捉えられている。この社会転換は、

第1の，公害・環境破壊防止，環境負荷の低減の環境政策および第2の循環政策の環境政策に次ぐ，第3の環境の回復と再生の環境政策の到来を意味するという。第1の環境政策は，環境問題が登場した1950～60年代から1993年の公害対策基本法が環境基本法に代わるまでの「環境負荷の低減」政策を指す。第2の環境政策は1980年代中ごろから始まった廃棄物問題に対応するもので，2000年に制定された循環型社会形成推進法に盛り込まれた各種リサイクル法による「循環」政策を指す。第3の環境政策とは，フローのみの環境政策では不完全になった段階におけるストックされた環境破壊への2000年代の対応の局面である。

淡路教授が指摘する「ストックされる環境破壊」とは，具体的には閉鎖性水域の蓄積された汚染，自然環境と自然アメニティ（里山，河川，海浜，動植物）および都市アメニティの破壊と悪化，地球環境のストック破壊（温暖化，生態系），有害物質における土壌と地下水の汚染である。ストックされた環境破壊に対処するには，フローを対象とした従来の第1および第2の環境政策では不充分であり，ストックされた環境破壊に対応し，地域の再生と環境の回復する第3の環境政策が求められるという。この第3段階における「ストックされる環境破壊」は，社会資本（コミュニティ関係）および自然資本（自然資源）の破壊に対応している。そこで淡路教授が列挙する第3段階の環境政策の範囲・検討課題は，①環境再生のために投入すべき環境政策の領域，②環境再生を進める環境政策の主体，③計画的手法の基本的事項，④費用負担，⑤施策の複合（ポリシーミックス）の5点であった。

このような第3段階の環境再生政策は，地域における内生的なコミュニティ政策，地域経済政策，交通政策，都市政策，農村政策といった地域の自立に関連させることが重要であり，淡路教授はこれを国家の「外部的インパクト」により実現することを主唱する。

（2）地域再生の経済学：神野教授

神野直彦『地域再生の経済学』（中公新書，2002年）も，この新しくストックされた環境破壊の時代に，豊かさを取り戻すための「外部的なインパクト」と

して財政学の視点から政策提言する。

　神野教授が重視するのは人間生活の「場」の創造であり，それは「公」を再生し，大地の上に人間の生活を築く戦略である。農業はそのなかで中心的な役割を果たす。工業は「死んだ自然」を原材料とし，自然破壊の元凶である。その力により生み出された巨大都市と工業社会は大量生産と大量消費・大量廃棄を引き起こし，合成物質が自然の再生力を奪い，延いては人間生活を破壊し，工業を基軸に生産活動を実施する経済システムが，人間や自然を排除する。第四次全国総合開発計画（「四全総」，1987〜2000年）により地域格差は拡大し，地方で過疎化がすすみ，公共事業以外に産業が存在しないという地域も存在する。そのような状態を政治システムや社会システムが是正すること，つまり市場経済の福祉国家による是正が必要とされた。これに対し農業は「生産の場に生活の場が設けられていて」，「生きた自然」を原材料とするという。

　神野教授の地域再生戦略は，農業・生活機能が生産機能の「磁場」となるような分権的な都市・地方再生戦略である。地方で発生した活動に沿った税制や地方自治体間の自発的な協力にベースを置く交付税により財政自主権が確立する地域の再生である。スウェーデンの経験は，福祉，家事，住宅　基礎的サービスの重視，地域の観光，施設，道路，地域文化イベントの活性化，情報など知識集約産業の振興，社会資本（人間の絆）の整備，地域社会を人間の生活の「場」として再生，相互の助け合い，安心の分かち合い，福祉，医療，教育といった共同事業の必要なことを教えてくれるという。つまり「生活の場（地域）」における社会資本と自然資本（農業）のストックの充実が，神野教授の地域再生戦略である。その改革の方向は，かつて日本が歩んだような帝国への道ではなく，内生的に発展する地域社会の緩やかな連合なのである。

（3）地域再生新戦略：諸富教授

　諸富徹『地域再生の新戦略』（中公叢書，2010年）の提案する地域再生の戦略にも，社会資本のストックを充実する観点が強く盛り込まれている。その前提となる世界認識は次のようなものであった。2000年代に加速した貿易のグロー

バル化により所得の不平等の程度を顕すジニ係数は各国で拡大し，金融のグローバル化と対外投資の拡大がこの不平等を助長した。地域格差と各国における不平等の拡大は，2007年の IMF の報告および2008年の OECD 報告で確認される。IT 技術の進展は地域格差を是正するというのは楽観的で，グローバル化により生産拠点が世界の各地や郊外に拡大し，一時的に大都市の衰退をもたらした。その後 IT 技術は「グローバル都市」の本社における集中・管理を強めて再び大都市における産業や人口の集中・集積が進んだため，地域格差がさらに拡大した。

　日本に目を向けると，1970年代に一時的に生産拠点や事業所が郊外や海外に移転し，2000年代に入ると，工場等制限法（2002年廃止）や工場再配置促進法（2006年廃止）が衰退を促進した。1980年代以降，産業構造転換を促したリーディング産業である情報通信・金融・サービス産業の発展で，管理の中枢機能を果たすグローバル都市東京には，対外直接投資や対外証券投資の拡大で還流した富が蓄積して東京一極集中が進み，その結果地域格差が拡大した。グローバル都市と非グローバル都市との格差は広がり，周辺部から大都市への転出が進み，地方都市の大都市に対する周縁化と農林漁村地域の辺境化が進んだ。その傾向を推し進めたのがトップダウンで進められた五全総までの地域指定に基づく開発計画であり，国の財政を用いた公共事業による地域開発政策であった。以上が，日本の産業発展による格差化についての諸富教授の時代認識である。

　そこで地域再生新戦略は，財政政策の見直しと，持続可能な地域の発展に向けた財政構造改革，自立的な地域発展モデルに求められる。その場合，社会資本および自然資本を誘導する公共投資において「環境，医療，福祉，教育の方が建設業よりも雇用効果は大きい」という視点が重要である。この社会資本の視点は長野県や EU の社会経済発展モデルの事例で補強されている。

　諸富教授の地域再生新戦略は，社会資本に自然資本が不可分に結びつく地域再生の主張である。私的資本と人的資本を含む社会資本（ソフト・ストック）すなわち人工資本と，自然資本（ハード・ストック）とが，制度・組織を通じてガバナンスされることが重視される。その視点はオストロムの共同貯蔵資源

のガバナンスに共通するものがある。諸富教授において「人的資本」とは，経済学でいう金銭的報酬ではなく，地域の結束力向上，まちづくりへの寄与，社会的弱者への支援といった資本ストックである。つまりこれはパットナムのいう社会資本であり，施しの交換が積み重ねられていくなかで育まれ，時間軸を通じて一種の社会的規範にまで高められる互恵性である。これは住民の内発な力によるネットワーク機能であり，フランスの社会学者アレクシ・ド・トクヴィルのいう市民的な徳であり，イギリスの環境経済学者パーサ・ダスグプタのいう，繰り返しで形成される社会関係資本ということもできる。

3　地方環境政策の展開

（1）国策による地域再生と環境

　日本における環境政策の第3段階では，「環境と地域を再生」させる国家政策としての「外部的インパクト」（淡路）において地域政策へのシフトが見られる。それは地域再生法（2005年），地域再生計画（2005年），第二次循環型社会形成推進基本計画（2008年），食育基本法（2005年），六次産業化法（2010年）のなかに盛り込まれている。

　地方再生法では，地方再生を①地方公共団体が地域住民や民間事業者と一体となって行う，自主的・自立的な取り組みによる地域経済の活性化，②地域における雇用機会の創出その他の地域の活力の再生と定義され，これに基づき地域再生本部が設置され，地域再生計画が認定された。この法は地域の自立的な活性化による雇用の再生をめざすものである。とはいえ，縦割りの行財政により事業は省庁間で充分に連携せず，地域指定は順送りという問題点がある。つまり地域空間を対象とした内生的な社会資本および自然資本のストック形成誘導政策が不充分なのである。

　第3段階の環境政策といえる第三次環境基本計画（2006年），および第二次循環型社会形成推進計画法（2008年）には，「環境と経済の好循環に加えて，社会的な側面も一体的な向上を目指す」と環境・経済・社会の諸側面の統合がみら

図 5-2 21世紀環境立国戦略
(出所) 環境省 HP。

れる。すなわちこの段階における環境政策には，国の財政的・行政的な「外部インパクト」による社会資本および自然資本形成の誘導への視点がみられるのである。そのなかで「地域循環圏」構想といった「環境保全の人づくり・地域づくりの推進」の推奨が目をひく。

「持続可能な社会」をめざす国策は，政府の21世紀環境立国戦略（2007年閣議決定）として図5-2のように低炭素社会，循環型社会および自然共生社会の統合として提唱された。

この循環型社会の形成に関して第二次循環型社会形成計画が策定され，人類の生存基盤と位置づけられる環境保全のなかで，地域再生に寄与する地域循環圏が提唱されているのである。

地域循環圏とは，地域の特性を活かし，循環資源の性質に応じた最適な規模で活性化された地域である。各主体が相互の連携・協働（つながり力）を通じて各々の役割を積極的に果たしていくような，コミュニティのレベルから，地域，ブロック圏（複数の都道府県など），全国，そして国際的なレベルまでのさまざまな地域圏域として構想されている。

この第1の課題は，廃棄物の適正処理を前提とした循環資源の最適化とされ

ている。これには温暖化対策や生物多様性の保全などの環境面と，希少性や有用性などの資源面，さらに輸送効率や処理コストなどの経済面がある。つまり「外部的なインパクト（財政）」の誘導に基づく自然資本と人工資本の結合である。第2の課題はバイオマス系資源の循環である。一定の地域のみで発生する腐敗しやすいバイオマス系循環資源はコミュニティや地域で，高度処理を要するものは広域地域で循環させられる。食品リサイクル法は食品リサイクル・ループを認定しているが，関係者の連携・協働による，また都市・地域特性に応じた地産地消が求められる。生ごみの肥料化や廃油の飼料化・バイオ燃料化は地域コミュニティ・ビジネスと育成として重視されている。ここでも外部的インパクトによる自然資本と社会資本との結合が追求されている。

　地域循環に第3の課題は，製品系循環資源や枯渇性資源を含む循環資源とされている。これは各種の個別リサイクル法や資源有効利用促進法の措置の実施，廃棄物処理法の広域認定・再生利用認定の活用であり，産業間連携によるサプライチェーンで，投入抑制と広域的な素材利用，多段階での再生利用を組み合わせとされている。この地域における物質資源の循環は戦略的・総合的な回収体制の充実，消費者との連携強化，再生利用技術・システムの高度化，モデル事業の推進，エコタウンの活用，静脈物流システムの構築，適正な財政支援と情報に基づく地域間連携で遂行される。ここでも資源の広域循環において，財政の外部インパクトによる自然資本と人工資本のストック形成が追求されている。このように「地域循環圏」構想は，国の行財政による「外部インパクト」により地域の環境・社会ストックの充実をめざすものであるが，対策は廃棄物循環に限定され，域内の内生的な自然資本および社会資本の蓄積とどのように結びつくのか不明である。地域主権が確立していない日本における国策としての環境政策ビジョンには限界があるといわなければならない。

（2）食育と地産地消

　地域資源として重要なのは食料である。わが国では栄養の偏りや不規則な食事，肥満や生活習慣病，過度な痩身志向や職の海外依存といった諸問題に対処

するために国策として2005年に食育基本法が制定された。その前文で地域社会の活性化，豊かな食文化の継承及び発展，環境と調和のとれた生産及び消費が推奨され，そのような目標を達成するために「都市と農山漁村の共生・対流や消費者と生産者との間の信頼関係の構築」が強調されている。食育の健全な発展には地域における豊かな食文化の継承と地域の活性化が中心課題なのである。その場合地産地消の推進が地域活性化の大きな課題である。

　地産地消への国の政策的な取り組みは，食料・農業・農村基本法（新基本法1999年）を引き継いだ新基本計画（2005年）に基づいて始まった。食料自給率向上の重点事項の1つが「地産地消」の全国展開であった。地産地消は農産物を中心とする地域食品の消費を拡大し，地域の生産振興をはかり，食を媒介とした生産者と消費者のコミュニケーションを深めるところに特徴がある。2010年に制定された「地域資源を活用した農林漁業者等による新事業の創出等及び地域の農林水産物の利用促進に関する法律」（六次産業化法）は，地産地消をめざし，農林漁業者による生産（第1次）加工（第2次）・販売（第3次）の統合としての「六次産業化」を促進して農林漁業を振興することを目的としている。この法律の基本理念は① 生産者と消費者との結びつきの強化，② 地域の農林漁業及び関連事業の振興による地域の活性化，③ 消費者の豊かな食生活の実現，④ 食育との一体的な推進，⑤ 都市と農山漁村の共生・対流との一体的な推進，⑥ 食料自給率の向上への寄与，⑦ 環境への負荷の低減への寄与，⑧ 社会的気運の醸成及び地域における主体的な取り組みの促進，である。つまりこの法律も財政的な外部インパクトにより地域の産業振興と社会資本の形成をめざしているのである。道の駅のような地域における農産物直販所の急速な発展増加という，地域の内生的地産地消費の刺激効果も見られるが，地域に環境・社会ストックを形成するには，さらに地域に根ざす自生的な社会・自然ストックの蓄積・循環政策が探られなければならない。3・11の東日本大震災により原子力発電所に依拠するエネルギー政策の問題が浮き彫りとなったが，風力や小水力，ソーラーやバイオマスなどの再生エネルギーの地産地消も地域ストック形成の重要な課題である。

4 地域再生の事例

(1) 湯布院

　地域と環境の再生について，社会的ネットワークという社会資本と，環境という自然資本のストック形成に成功している事例を取り上げてみたい。

　大分県の湯布院は1960年代の深刻な過疎化を克服し，町おこしに成功して全国的に有名となった事例である。過疎化がすすみ，まちの活性化はゴルフ場やサファリーパーク，温泉リゾート開発といった大型集客施設の誘致により推進されようとしていた1970年，旅館主を中心とする地域のリーダーは「最も住みよい街こそ優れた観光地である」という考えで住民の合意を形成していった。ぬかるみよりも舗装道路を，茅葺よりもアルミサッシの家をという農家の声で，自然保護運動は孤立しがちであったが，リーダーたちは地縁・血縁・階層を超えて組織された「明日の由布院を考える会」で町内の意思疎通を図り，閉鎖的な心を開放して，新しい考えや思想をまちづくりに持ち込んだ。湯布院のリーダーたちは西ドイツの視察からクアオルト（温泉保養地）の構想を学び，「大型施設よりもホスピタリティを」をモットーにして，文化の香りが漂う温泉の町の形成をめざした。守り育んできた自然の山野と温泉を基盤にして，次々と斬新なイベントを成功させ，基本理念を「美しい自然環境，魅力ある景観，良好な生活環境」とする町づくり条例（1990年）を制定させ，湯布院を一躍全国レベルの知名度をもつ町へとひきあげた。そこで大切にされたことは，開発の抑制である。貴重で固有な自然を保持し，学術上重要な意義を有する森林，草生地，湿地，山岳，池沼を含む自然環境を保存し，歴史的または郷土的に特色ある地域を自然環境とともに保全し，景観を保全すること。これが町の条例で謳われている。リーダーたちは「滞在型保養温泉地」という他と異なるコンセプトで温泉地づくりをするのに，民間人の行動力を結集させ，地域コミュニティと行政を巻き込み，時間をかけて地域における合意と協力のネットワークを築いてきた。これは自生的な社会・自然資本形成の成功事例である。

（2） 綾　　町

　宮崎県綾町も，町づくりを通じて地域に自然資本および社会資本の形成をもたらした事例である。一時的に人口の増加をもたらした電源開発としての綾川総合開発が終わった1961年，山間地の綾町は人口が急速に減少し，山仕事以外にめぼしい働き口はなく，若者は流出し，祭りも維持できず，小商店は借金を抱えて「夜逃げの町」となり，医者もいなくなり過疎の危機を迎えていた。綾町に「山を切って」開発する道は閉ざされ，「山を残し，山と共存する」町づくりを選択するほかなかった。リーダーの郷田実町長（当時）は，中尾佐助の照葉樹林文化＝日本文化起源論に立脚し，「山を通して自然の本質を理解する」という哲学を実践し，固有の土と水のめぐみを尊重し，健康にやさしい生態系農業，有機農業をめざした。山の素材を生かす本物のものづくりを提唱し，実践した。山には養蚕による絹織物，漆，製茶，みかん，麹による味噌・醤油づくりの伝統があった。農作物の生育に糞尿をつかうのに農林水産省の補助金はでなかったし，営林署は材木やパルプにするため山を切ることしか考えていなかった。しかし町長のリーダーシップのもとで町役場の職員は心を開いた議論を重ね，「山との共存」を理解し実践した。

　山との共存をめざす綾町の1868年からの運動は実って，82年に一帯は九州中央山地国定公園に指定されている。綾町は世界一の吊り橋の架橋と綾城の復元に取り組んだ。単に特異な観光資源を造るものではなく，バンクーバーの世界一釣り橋をみた郷田が，町の深い渓谷に吊り橋をかければ世界一になると気がついた。つまり地元の資源で世界一あることに気がついた。地元の綾城も調べていくうちに日本最古の山城であることがわかった。復元には現代建築を想定した建築基準法にはあてはまらなかったが，地域の伝統的な英知を集めて町民の歴史的文化遺産として復元された。そこにはナンバーワンではなくオンリーワンが具現されている。

　綾町の町づくりは，町に閉じこもることではなかった。「町づくりはニーズではだめ，トレンドだ」というのが郷田町長の考えである。マーケティングは「顧客の創造」であるといったのはピーター・ドラッカーであるが，郷田町長

は，儲けではなく，相手が喜ぶ未来の顧客を創造することをドラッカーに先駆けて実践した。その結果綾町は毎年100万人以上の観光客が訪問し，過疎を脱却している。

（3）豊後高田

1992年，大型商業施設の建設計画に反対する運動から生まれたのが大分県豊後高田の「昭和の町」づくりである。「犬と猫しか通らない」というほど寂れた，空き店舗が目立つ中心市街地は，古い商店という地域資源に着目することで見事に蘇えった。これも地域経営資源と地域ネットワークという社会資本に投資した成果といえる。中心市街地に元気だった昭和30年代を取り戻し，高齢者と観光客が触れ合う町を再生させるため「昭和の町」は構想された。賛同する商店は店の歴史を物語る宝物の「一店一宝」の展示し，その店ならではの昭和の逸品「一店一品」を販売し始めた。歴史的な回顧を交えた客との会話を通じた「昭和の商人」が再生された。リーダーは商工会議所や市役所の職員で，商工会議所がソフト面を主導し，高齢者と観光客が集う建物の建設は行政が主導した。2001年，9店舗で出発した「昭和の町」構想は06年に38店舗に広がり，「建築再生」，「歴史再生」，「商業再生」，「商人再生」が実現され，観光客は27万に達している。

そのほか大分県日田市の大山地区や長崎県大瀬戸町雪浦地区，同小値賀町，イギリスの実験的エコビレッジCAT（Center for Alternative Technology）などにも，地域固有の社会資本と自然資本が地域空間にストックとして形成された成功事例をみることができる。環境を維持する地域資源と社会的ネットワークを見直し，地域の内生的な発展を社会・自然資本のストックとしてマネジメントすること。これが環境と地域再生の切り札といわなければならない。

参考文献

秋田清・中村守編『環境としての地域』晃洋書房，2005年。
淡路剛久監修，寺西俊一・西村幸夫編『地域再生の環境学』東京大学出版会，2006年。

Costanza, R. et al., "The value of the world's ecosystem services and natural capital", *Nature*, 1997, 387.

生野正剛・早瀬隆司・姫野順一編著『地球環境問題と環境政策』ミネルヴァ書房, 2003年。

礒野弥生・除本理史編『地域と環境政策』勁草書房, 2006年。

神野直彦『地域再生の経済学』中央公論社, 2002年。

Hawken, Paul, Amory Lovins and Hunter Lovins, *Natural Capitalism : Creating the Next Industrial Revolution*, Rocky Mountain Institute, 1999.（佐和隆光・小幡すぎ子訳『自然資本の経済―「成長の限界」を突破する新産業革命』日本経済新聞社, 2001年。）

姫野順一『J・A・ホブスン人間福祉の経済学――ニューリベラリズムの展開』昭和堂, 2010年

宮川公男・大守隆『ソーシャル・キャピタル』東洋経済新報社, 2004年。

宮本憲一・横田茂・中村剛治郎『地域経済学』有斐閣, 1990年。

諸富徹『地域再生の新戦略』中央公論社, 2010年。

North, Douglass, *Institutions, Institutional Change and Economic Performance*, Cambridge University Press, 1990.（竹下公視訳『制度・制度変化・経済成果』晃洋書房, 1994年。）

Ostrom, Elinor, *Governing the Commons*, Cambridge University Press, 1990.

Putnam, Robert, *Bowling Alone : the Collapse and Revival of American Community*, Simon & Schuster, 2000.（柴内康文訳『孤独なボーリング』柏書房, 2006年。）

Putnam, Robert, *Making Democracy Work*, Princeton University Press, 1993.（河田潤一訳『哲学する民主主義』NTT出版, 2001年。）

下平尾勲・伊東維年・柳井雅也『地産地消』日本評論社, 2009年。

東北開発研究センター編『持続可能な地域経済の再生』ぎょうせい, 2004年。

寄本勝美・原科幸彦・寺西俊一編『地球時代の自治体環境政策』ぎょうせい, 2002年。

（姫野順一）

第6章

自然エネルギー推進と地域

　　　　2011年3月11日以降エネルギー政策は根本的な見直しを迫られているが，その焦点になっているのが，再生可能な自然エネルギーの推進策である。本年度（平成24年度）7月から自然エネルギーでつくられた電力に対して全電源種類での全量固定価格買取制度が導入される。

　　　　本章では，まず日本のエネルギーの現状のなかでこのエネルギー政策の転換の意味を整理し，第2節で供給が不安定でコストが高いといわれる自然エネルギーを推進する方策を検討する。第3節では自然エネルギーが大量に導入されるには何が必要なのかを考察する。最後に，地域資源として自然エネルギーを活用する事例として小浜温泉エネルギーの取り組みを紹介し，地熱大国・日本の展望をする。

1　エネルギー政策の大転換と地域資源としての自然エネルギー

（1）3/11FUKUSHIMA の以前と以後

　低炭素型の社会システムへの社会革新はエネルギーを焦点にめぐっている。2011年3月11日に発生した東日本大震災，とりわけ福島原発事故がこれまでの日本のエネルギー政策への根源的な見直しを要請しているからである。原発に依存したエネルギー供給体制は，少なくとも短中期において維持し得なくなったと認識されるとともに，自然エネルギーへの転換を政策の焦点におしあげた。震災後は電力の不足が問われたことにみられるように，これまでは当たり前に分かったつもりで利用してきた「エネルギー」や「電力」が何なのか，個々人も自分のこととして考えることが不可欠になっている。

第6章　自然エネルギー推進と地域　83

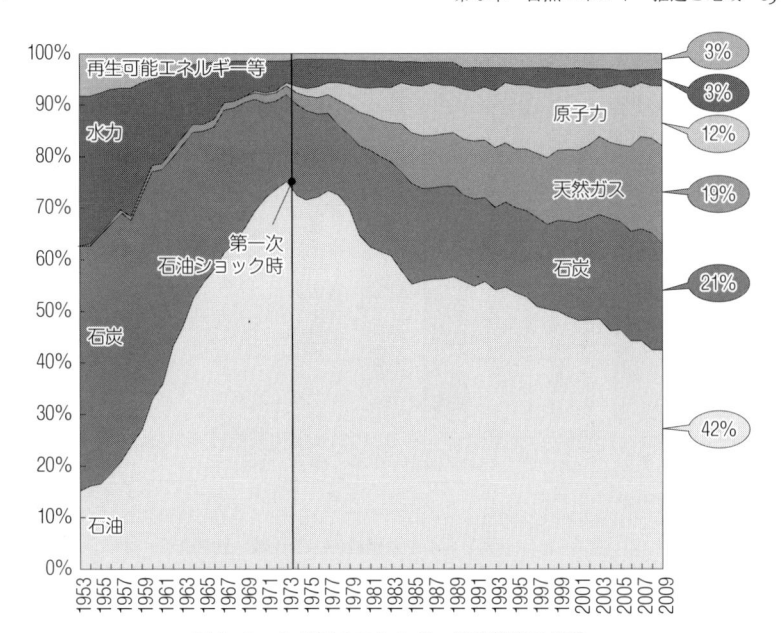

図6-1　わが国のエネルギー供給構造の推移

(注) 再生可能エネルギー等の内訳は，太陽光（0.1%），風力（0.1%），地熱（0.1%），バイオマス（2.8%）。
(出所) 資源エネルギー庁「総合エネルギー統計　2009年度版」。
　　　 総合エネルギー庁第1回基本問題委員会配付資料:『エネルギー情勢について』
　　　 http://www.enecho.meti.go.jp/info/committee/kihonmondai/1st/sanko2.pdf

　エネルギーは経済活動の源であり，元々は物理学概念での仕事量＝力×距離が基底にあるが，経済活動は資源・エネルギーへの需要と供給によって支えられるので，経済成長に伴ってエネルギー需要が拡大する。図6-1をみると，どのようなエネルギー源によってわが国がこの必要なエネルギーを歴史的に充たしてきたのかがみえてくる。

　まずは，1970年代の二度のオイルショックを契機に，わが国では石油から石炭及び天然ガス並びに再生可能エネルギー等の石油代替エネルギーへのシフトを進めてきたことが明白になる。3/11以前は，低炭素社会に向けた脱化石燃料の方途は，原発優先か自然エネルギー優先かで分かれていたが，さらに，FUKUSHIMA以後，原発に依存したエネルギー供給体制は現実的ではなくなっ

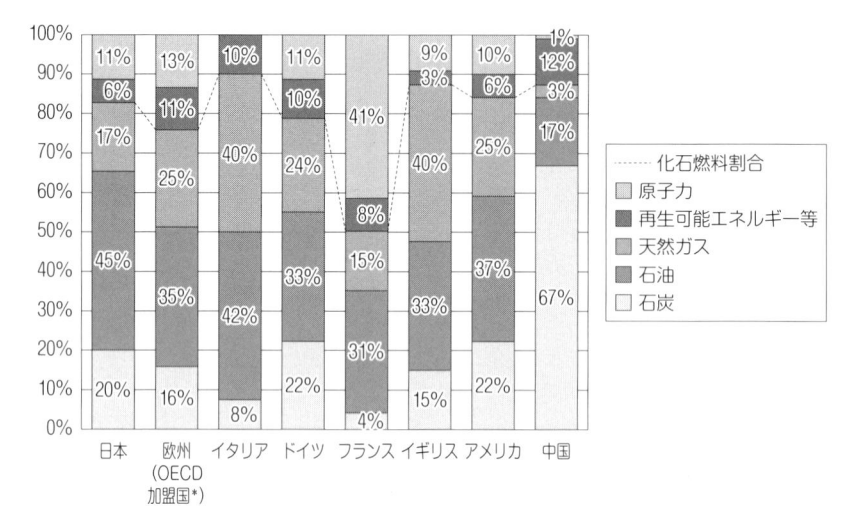

図 6-2 　一次エネルギー構成の国際比較（2009年）

(注) 　端数処理の関係で合計が100％にならない場合がある。
　＊欧州（OECD加盟国）は，オーストリア，ベルギー，チェコ，デンマーク，エストニア，フィンランド，フランス，ドイツ，ギリシャ，ハンガリー，アイスランド，アイルランド，イタリア，ルクセンブルグ，オランダ，ノルウェー，ポーランド，ポルトガル，スロバキア，スロベニア，スペイン，スウェーデン，スイス，トルコ及びイギリスを含む。
(出所) 　『エネルギー白書2012』。

ている。ただ，短中期には天然ガスなど化石燃料にに依存せざるをえず，低炭素社会への移行という目標には沿わなくなるという矛盾も生じ，あらためて脱原発と低炭素化が両立する次世代エネルギーシステムの検討は最重要の必須課題になったといえる。

　自然エネルギーは，ようやく1980年代後半以降の気候変動問題への国際社会の関心が高まるにしたがって，政策上の重要性を高めてきたが，わが国のエネルギー供給全体のなかではなお微々たるものともいえよう。

　では，なぜ自然エネルギーの推進は注目されるべきなのか？　自然エネルギーの世界全体の設置総量は，飯田（2012, 41頁）によれば，2010年末の実績で太陽光発電は4300万 kW，風力発電は 2 億 kW，バイオマスが 1 億4000万 kW，自然エネルギー御三家合計で 3 億8300万 kW に達し，原発の設置総量 3 億700万 kW を超えた，という。欧米から中国に拡大してきたこの成果は，しかし

ながら，強力な公共的な支援に依存しており，自然エネルギー推進の評価はなお確立しているわけではない。

自然エネルギーを公共的に推進する基本は次の三つの理由からである。1）従来のエネルギー資源は枯渇する予想があり，しかも日本の自給率は極端に低いので，地産地消の自然エネルギーに期待すること，2）温暖化の急速な進展によって，早急かつ大幅な総量削減の必要性があるので，CO_2 をほとんど排出しない自然エネルギーの重要性，3）グリーンニューディールの視点，自然エネルギーの飛躍的成長による経済の活性化が期待されることである。

（2）エネルギー理解の全体像と自然エネルギー推進の日欧比較からの問い

エネルギーをその全体像において理解するには，次の三つの次元をたえず視野に入れておく必要がある。まずは，エネルギーをどのように作るか，物理学のエネルギー保存の法則に応じていえば「変換」のレベル，次に，作ったエネルギーを利用者にどのように「輸送・配分」するか，最後に，届けられたエネルギーをどのように「利用」するか，という三つのレベルを全体として視野に入れておく必要がある。自然エネルギー推進についていえば，1）変換問題は，どのように自然エネルギーを拡大すべきか？ということであり，2）輸送・配分は送配電問題であり，分散的エネルギーを既存ネットワークに同様に取り込むかというスマートグリッドの問題になる。3）「利用」は，自然エネルギー活用による地域づくりの問題に広がる。

わが国における自然エネルギーが進展しない原因をヨーロッパとの環境政策の比較から検討してみれば，以下のふたつの点を問題提起として示しておきたい。

一つは，表6-1のように，ヨーロッパがなぜ高いガソリン価格，電気料金，消費税を受け入れているかという点である。EUでは環境政策での環境税や排出量取引，電力買取制度の経済的手段導入が温暖化対策としてだけでなく，年金政策をはじめ社会保障政策と関連づけて取り組まれている。ヨーロッパは，

表6-1 日本とEU諸国のエネルギー課税の税率の比較

(2009年4月現在)

	ガソリン (円/l)	軽油 (円/l)	重油 (円/l)	石炭 (円/kg)	天然ガス (円/kg)	電気 (円/kWh)
日本	55.84 [揮発油税:53.80 石油石炭税:2.04]	34.14 [軽油引取税:32.10 石油石炭税:2.04]	2.04 [石油石炭税:2.04]	0.70 [石油石炭税:0.70]	1.08 [石油石炭税:1.08]	0.375 [電源開発促進税:0.375]
イギリス	89.80 (炭化水素油税:89.80)	89.80 (炭化水素油税:89.80)	16.57 (炭化水素油税:16.57)	2.12 (気候変動税:2.12)	4.61 (気候変動税:4.61)	0.779 (気候変動税:0.779)
ドイツ	91.53 (エネルギー税:91.53)	65.78 (エネルギー税:65.78)	3.43 (エネルギー税:3.43)	1.23 (エネルギー税:1.23)	5.38 (エネルギー税:5.38)	1.720 (電気税:1.720)
フランス	84.87 (円/l) [石油産品国内消費税:84.87]	59.91 (円/l) [石油産品国内消費税:59.91]	2.33 (円/l) [石油産品国内消費税:2.33]	1.23 (円/kg) [石炭税:1.23]	2.91 (円/kg) [天然ガス消費税:2.91]	一 [地方電気税・従価税]
オランダ	97.99 (円/l) [鉱油税:97.99]	59.25 (円/l) [鉱油税:59.25]	59.25 (円/l) [鉱油税:59.25]	1.84 (円/kg) [石炭税:1.84]	33.99-1.72 (円/kg) [エネルギー税]	15.173-0.070 (円/kWh) [エネルギー税]
フィンランド	87.68 (円/l) 液体燃料税 [ー基本税:80.05 ー付加税:6.68 ー戦略備蓄料:0.95]	50.90 (円/l) 液体燃料税 [ー基本税:42.85 ー付加税:7.52 ー戦略備蓄料:0.49]	8.43 (円/l) 液体燃料税 [ー基本税:8.08 ー戦略備蓄料:0.35]	6.25 (円/kg) 電気・特定燃料税 [ー付加税:6.09 ー戦略備蓄料:0.17]	4.10 (円/kg) 電気・特定燃料税 [ー付加税:3.92 ー戦略備蓄料:0.18]	0.326 (円/kWh) 電気・特定燃料税 [ー基本税 ー付加税:0.308 ー戦略備蓄料:0.018]
デンマーク	77.19 (円/l) [鉱油エネルギー税:72.98 CO_2税:4.20]	57.87 (円/l) [鉱油エネルギー税:53.24 CO_2税:4.64]	40.92 (円/l) [鉱油エネルギー税:35.97 CO_2税:4.95]	31.85 (円/kg) [石炭税:27.69 CO_2税:4.16]	66.92 (円/kg) [天然ガス税:61.09 CO_2税:5.83]	12.667 (円/kWh) [電気税:11.016 CO_2税:1.651]
EU最低税率	50.20	42.23	1.89	0.56	1.32	0.070

(注)
1 使途は基本的に一般財源。(但し、ドイツのエネルギー税については、その一部を道路関連の支出に充てることが法令上定められている。等の例外がある。)。
2 ガソリン及び軽油については無鉛。重油、天然ガス、石炭。天然ガス、電気については事業用を前提としている。この他、各種減免措置あり。
3 イギリスのガソリンは無鉛。軽油は低硫黄、重油は低硫黄、軽油は非自動車用・動力用。天然ガスは事業用のみ課税される。
4 ドイツのガソリンは無鉛・低硫黄。軽油は低硫黄・低硫黄。
5 フランスのガソリン、課税標準は契約電気容量によって異なる(税抜金額の0～80%)。また、石炭税。及び天然ガス消費税は事業用のみ課税される。電気に対しては地方電気税があり、2010年に税率の引上げが行われる。税率は市町村及び県で最大4%である。
6 オランダのガソリンは改変無鉛。軽油は交通税。電気は数量、運営用の税率。温室用の税率。なお、デンマークのCO_2税は加熱、事業用、電気事業用に対するもの(税軽は事業用非自家用電力用の税率で、電気は非自家用電力用の税率。なお、デンマークのCO_2税は加熱、事業用、電気事業用に対するもの(CO_2排出量1トン当たり約1,689円)に設定されている。
7 フィンランドのガソリンは設定されている(但し、天然ガスは半額)。軽油は動力用、天然ガスは動力用、電気は非自家用電力用。軽油は動力用、重油は加熱、事業用、電気は事業用に対するもの(CO_2課税部分)はCO_2排出量1トン当たり約2,854円に設定されている(但し、天然ガスは半額)。軽油は動力用、天然ガスは動力用、電気は非自家用電力用。
8 デンマークのガソリンは無鉛。軽油は動力用、天然ガスは加熱、事業用、電気は事業用に対するもの(CO_2排出量1トン当たり約1,689円)。また、2010年に税率の引上げが行われる。
9 EU最低税率はEC指令で定められており、ガソリンは無鉛、軽油は非自家用電力用、重油は加熱、事業用、電気は事業用の税率。

(出所) 中央環境審議会・地球環境総合政策・地球温暖化対策に関する専門委員会 (H22.1.26)「地球温暖化対策税について」第9回グリーン税制とその経済分析等に関する専門委員会
http://www.env.go.jp/council/16pol-ear/y164-09_ref01.pdf

ライフコースの生涯を通しての安定を最終目的に位置づけて，社会保障政策ばかりでなく，環境政策，景気対策などの統合する道筋をたえず意識している。ヨーロッパでは，環境税や消費税は高いが，それは社会保障の確保と結びつけて，税収の中立性の原則を土台に，環境政策と社会保障政策の統合が図られている。

しかも，ライフコースの安定こそは，日本での景気対策の成否の基本でもある。生涯の見通しの良さがあれば，日本での将来の不安が貯蓄率の高さを招いている点を基本的に改変できると思われる。その貯蓄率の減少，つまり消費性向があがれば，経済景気対策が飛躍的に働くことが期待できるからである。

もう一つ重要な点は，ヨーロッパにおける経済的手段の高さと負担は，もちろん消費者の負担になるが，それ以上に，ヨーロッパでは，誰もが事業者になれること，生産者としての可能性を開くことを強調していることである。つまり，生産者であり消費者でもある「プロシューマー」の視点が基本になる。消費者でありながらエネルギー供給の一役を担うという新しい双方向的な主体の役割が求められる。

しかも，自然エネルギーは小規模・分散のエネルギーであり，その土地の気候や風土など地域特性を生かした発電方法を選択することが可能で，エネルギー供給拠点と需要側が近くなるため「エネルギーの地産地消」ともいわれる。この「地域資源」としての特性を活かした自然エネルギーによる地域再生の試みは，現在，わが国の多数の地域で多様な自然エネルギーを柱に試みられている。

2　自然エネルギー推進策の現状と課題

（1）自然エネルギーの脆弱性と可能性

自然エネルギーへの期待はますます大きくなっているが，だからといって自然エネルギーは現在の電力供給源のなかで競争力があるわけではない。社会のニーズがあるからといって自然に導入がすすみ普及していくとはいえない。

自然エネルギーの長所は確かに大きい。まず、非枯渇性の資源であり、温室効果ガスを排出しないことであり、次に、地産地消の地域資源でありエネルギー自給率の向上に貢献するし、また、福島原発事故のあとでは、安全性が高いことも大きい。しかしながら、一方、自然エネルギーが拡大していく際に乗り越えなければならない課題も多く、自然エネルギー大量導入への否定的な意見も根強いのである。特に発電コストが高く競争力がないことや、供給が不安定であること、供給側が分散していることなどが挙げられる。

したがって、自然エネルギーは自然に普及するだけの競争力をもたないので、公的支援策が必要であるが、その支援の方法と根拠が問われている。

（2）自然エネルギーと支援策の現状：RPS から FIT へ

世界的に導入が進み、自然エネルギー市場は需要の高まりを受け急成長を遂げている中、かつては先進的であった日本における自然エネルギー導入は完全に失速し、世界の流れから取り残されている。その大きな原因として考えられるのが、国による不適切な自然エネルギー普及促進政策である。

これまでの世界的な経験から、個別的な補助政策とは違って、自然エネルギーを普及させる枠組みとして2つの政策手法が知られている。「固定枠買取制度（Renewable Portfolio Standard, RPS）」と「固定価格買取制度（Feed in Tarif, FIT）」である。固定枠制とは、「自然エネルギー割当基準（RPS）」とも呼ばれるもので、電力供給者に一定比率の自然エネルギーの供給を義務付けるものである。他方で、固定価格買取制度（FIT）は、自然エネルギーによって発電された電力を優遇した固定価格によって長期間にわたり買い取ることを義務付けるものであり、RPS が自然エネルギーの割合を決めるのに対し、FIT は買取価格を義務づけるという政策対象の違いがある。

従来、日本では RPS 制度を導入していた。固定枠制は、ドイツやスペインの固定価格制と同様に市場メカニズムを利用した自然エネルギーの新たな普及制度として1990年代半ばに登場した。欧州では、英国、スウェーデン、イタリアなど、限られた国で導入されているにすぎないが、米国ではテキサス州やカ

リフォルニア州など19州で導入が進み,日本が2003年に導入した「新エネルギー利用特別措置法」もこの制度に分類される。RPS制度は一般に固定枠の内部での競争を促すので,経済効率的であることが長所とされる。自然エネルギーの事業や種類にかかわらず,最少費用の事業から導入が進むため,社会全体の総費用が最少で済むという考えである。しかし,国の自然エネルギー導入目標枠の低さ等の問題により,かえって自然エネルギーの普及を阻害するものとなっている。

FITの意義は,EUにおける実績の検討から,自然エネルギー普及の初期段階においては,自然エネルギーによって発電された電力を優遇した固定価格によって長期間にわたり買い取ることを義務付ける固定価格買取制が,より適切な促進制度であるとする見解が大勢を占めている。

わが国もようやくRPSからFITの採用へと移行してきた。まず,2009年11月より太陽光発電に限り新たな買取制度がスタートした。この制度は,家庭の太陽光発電により作られた電力のうち,自家消費を除き余剰電力分を電気会社が1kWあたり48円で買い取ることを義務づけたところに特徴がある。この制度施行によって2010年度の太陽光発電は300％の出荷数アップをみせたといわれる。

(3) わが国における全量買取制度への展開

さらに,2011年3月の閣議において,「電気事業者による再生可能エネルギー電気の調達に関する特別措置法」が決定した。この法律は,再生可能エネルギーを電気事業者が原則,全量買い取ることを義務付けるもので,平成24年7月1日からスタートする。FITは,欧州では1980年にスペインで導入されたのが最初で,再生可能エネルギーの導入拡大を強力に促進する一方,電気の需要家から電気料金の形で買取費用を回収する制度であるため,電気料金の上昇の抑制や,発電コストの低減等を勘案し,たとえば最近では2009年にスペインやドイツにおいて買取価格の見直しが行われた。

とりわけスペインでは,太陽光発電の急増により,導入上限の設定や買い上

げ価格の引き上げ策がとられた。この混乱から読み取れるように，FITは，市場競争に対応していく工夫が不可欠である。
① 買取価格の設定

買取価格の設定に関しては，種類別・規模別・立地別のコストに対応した価格設定が不可欠である。普及を目的とするならば，自然エネルギーの種類・規模・地域の実情を踏まえたうえで，それぞれ一定の利回りを見込めるよう，コストに基づいた価格を設定すべきなのである。また，全量買取制度で普及を促す目的は「技術学習効果」にあるので技術革新に対応した逓減的な価格設定がされる。携帯電話，パソコン，液晶テレビなどと同じように，普及に従って性能が上がり，技術革新によるコスト低下が生まれれば，自然エネルギーは経済性においても，既存の電源と互角以上の競争力をもつことになるからである。

② 電気料金への上乗せ

公的支援策の費用負担方式には，財政負担と料金上乗せ方式のふたつがある。韓国は財政負担で実施したために，自然エネルギー導入が増え買取額が予想以上になったために，RPSに転換することになった。財政には限界があるので，ドイツやスペインのように上乗せ方式を採用せざるをえないが，重要なことは「プロシューマー」の視点を確認することであり，一方では消費者である国民の負担だが，他方では生産者としてビジネスへの参画を促すかたちで電力の供給システムの構造変化をもたらす必要がある。

日本型FIT導入によっておこる利点としては，まず，太陽光だけではなくすべてのエネルギーが，RPSからFITに転換したことと，従来，余剰型だったものが全量型に転換したことで，再生可能エネルギー事業の拡大につながると考えられる。また，種類別・事業規模別で買取価格の設定をすることによってコストに対応するので，事業経営の目処が立てやすくなる。また事業者間の競争を促すことで，再生可能エネルギー導入の推進につながる。

逆に問題点としては例外規定が多いことが挙げられる。住宅用太陽光発電などの小さな電力に関しては余剰型が維持されている。また，電力供給の不安定

な時，電力会社は買取拒否ができ，系統への接続義務は保証されていない。そして，電気料金への上乗せにたいし，消費者への負担増の面を強調し，事業参画によって発電事業者になり，ビジネスになる点に焦点を当てないことが問題点であると考える。

　余剰型から全量型への転換が必要なのは，小規模分散エネルギーの普及は電力の消費者の立場からでなく，多くのものが発電事業者にもなり，環境ビジネスの主体になるということを理解することが前提にあるからだ。

3　自然エネルギー大量導入に向けての構造変化

（1）自然エネルギーとスマートグリッド：大規模・集中の電力供給システムから小規模・分散エネルギーの双方向的ネットワークへ

　前節では，自然エネルギーを拡大するための政策手法について検討したが，本節では，自然エネルギーが今後大量に導入される時に起こらざるをえない構造変化について考察し，自然エネルギーが主要なエネルギー源になる可能性とその実現のための方策を検討する。

　これまでの電力供給システムは，地域独占の強大な電力会社による一方向的な集中的電力供給の体制であった。これから自然エネルギーが大量に導入されていくには，この既存のサプライサイド任せの電力調整システムでは限界がでてくる。小規模分散の自然エネルギーは，太陽光や風力に代表されるように，電力供給は自然任せで不安定になり，コストも高くなる。そのうえ，電力系統への連系において家庭や工場など需要側から電力系統に流す電力，いわゆる「逆潮流」になるので，電圧あるいは周波数の変動からの不安定性が増すといわれる。端的には，小規模分散型エネルギーが主になるには，双方的なネットワークの形成が不可欠になるので，相互の需給調整を可能にする情報通信システムとの融合が不可欠になる。ここにグーグルやIBMなど情報通信メジャーがいち早く参入してきた理由がある。

（2）電気の特性と双方向電力需給システム

　自然エネルギーが大量に導入できるための構造変化が根源的にならざるをえないのは，他のインフラネットワーク，鉄道や電話などのネットワークと違う，供給の安定が優先される電気の特性に関連する。

　電力系統は，複数の発電所，変電所，送電線，配電線などからなるシステムであるが，それが必要なのは，電圧が高いほど電気配送の効率が高くなるが，末端の家庭や事業者が使用するためには低圧にする必要ある。したがって，系統の編成上，電圧の安定と周波数の安定を不可欠にするのであるが，家庭や工場など需要側から電力系統へ流す電力である「逆潮流」があると，電力供給の安定性が乱れる。

　阿部（2011）は，電気がもつ特性を手際よく次の2つに整理している。

　ひとつは，同時同量性であり，電気の供給量と需要量は常に同時に同量でなければならない。どの瞬間にもこの条件をみたさないと，電気の周波数は一定に保てない。電気は，要求がある分だけ供給しなければ系統の機能を保てないしたがって，蓄電池などで発電と消費のあいだに時間的なずれを作ることが求められる

　二つ目は，同質性であり，電気が原子力で作られたのか，太陽光で作られたのかは，供給された電気をみても区別がつかないことである。ここに変圧器や送配電網からなる電力系統に情報を付与する方法が要請される。

（3）「プロシューマー」の創出と次世代エネルギーシステム

　自然エネルギーに求められる電力システムの構造変化に向けて主体の方でも新たな関わりが求められ，「プロシューマー」の視点が基本になる。特によくわかるのは，自然エネルギーの電力買取制度に関してヨーロッパでは全種類（太陽光に限定せず）・全量（余剰分に限定せず）買取制度を導入する国が多いが，これは電力の自由化を促し，多くの電力事業者を生みだし，そのために消費者としての負担には不満があっても，事業者としてのビジネスの可能性が広がることを期待しているからである。金銭的補助を与えることも副次的には意

味をもつ場合があるが，基本は個々の自立を支える枠組みをどう作るかである。これは，原理的にいえば，市場のチカラによる経済再生という視点であるが，グローバルな論理を基礎に据えるということになり，日本の政策の国際的信頼を増すことにつながる。

① デマンドサイド

これまでは電力システムのすべての需給調整を担ってきたのは供給側であり，電力会社が提供してくれるなかで需要側は好きなときに好きなだけ電気を使い放題であった。自然エネルギーの導入が増えていくと，系統への接続が不安定になり，従来のような供給側のみの調整だけでなく，需要側も協調させた需給調整を進める必要がある，「需要の能動化」と荻本（2011）は表現している

デマンドサイドにも能動的な力能をもたせることが必要になるが，阿部は独自のデジタル・グリッドの考え方を提案する。

①同時同量性に対しては，震災後，①自家発電の導入，②蓄電池の導入，③高水準の省エネの3点が急速に進展したように，電力を各自が自分の問題として考え，能動的に対応できる力能が求められてきた。

②同質性に対しては，各利用者が，どのエネルギー源からの電気か，さらにそのコストがいくらになるかを識別できるルータを開発することを提案する。その場合，少しくらいの自然エネルギーのコスト高でも需要側が選択できる技術的な基盤が構築できることになる。

② サプライサイド：電力供給市場の革新

阿部提案は，電力産業の変革やFITなど公共支援策を求めることとは別に，エネルギーの選択そのものに個々人の自由な力能を期待しているが，欧米の動きをみれば，電力市場の自由化，発送配電の分離に関連する。現在の電力供給は，全国を10の地域に分割し，各地域をひとつの電力会社が独占する「地域独占」と，発電・送電・配電という電気事業の基本的機能をひとつの電力会社が独占する「垂直統合」，さらに「総括原価方式」に基本的な特徴がある。電力産業は送電網というハードなインフラネットワークに支えられているので，地域ごとに一つの電力会社に「垂直統合」されてきたが，その経済学的な理由は，

「規模の経済性」があり「自然独占」性が存在すると考えられてきたといえる。しかし，この「自然独占」は，送電・システムコントロール・配電の「ネットワーク網」に関わる部分のみに存在するという解釈が有力となり，発電などについては競争が導入できるということが各国の電気事業改革で示された。このような「自然独占」性の新たな見解に対応するべく電気事業における「垂直統合」の見直しが行われ，電気事業体の内部にあった「発・送・配電」を分割するという電気事業改革が各国で見られている。

なぜいま，再び発送配電分離なのかといえば，2000年代の電力自由化期は，より安い電力をもとめてのことであったが，現在は，自然エネルギーとそのスマートグリッドの台頭（配電における技術革新），消費者による「電源選択権」，送電網の「公共性」，既存の分散型電源のさらなる技術革新を求めてのものになり，非常に多様な側面から発送配電分離が求められるようになってきている。電力産業の自由化は，卸売り部門では一定導入されてきたが，小売部門においては決定的に遅れている。余剰分だけの買取にとどまるのも同じ考え方に通じる。

4　地域資源としての再生可能エネルギー
――小浜温泉エネルギー活用と地域再生

（1）地熱発電における分散エネルギーと地域

長崎県の島原半島は自然エネルギー資源に恵まれた地域である。特に島原半島西部の雲仙市小浜地域における温泉・地熱エネルギー賦存量は卓越しており，自然エネルギー事業実現の可能性が非常に高い場所である。この地域では国による地熱開発調査が実施されてきたが，地域が主体となった地熱発電事業に結びついてこなかった。これは自然エネルギー活用に関する理解が不十分なことや地域で核となる組織の不在が大きな理由の一つと考えられる。

地熱は日本では特に豊かな資源である。表6-2にみられるように，世界の地熱資源量は，アメリカ，インドネシアそして日本の3カ国が圧倒的に抜きんでた資源量を誇っている。日本はこの世界第3位の地熱大国として，地熱発電

表6-2 世界の地熱資源量の比較

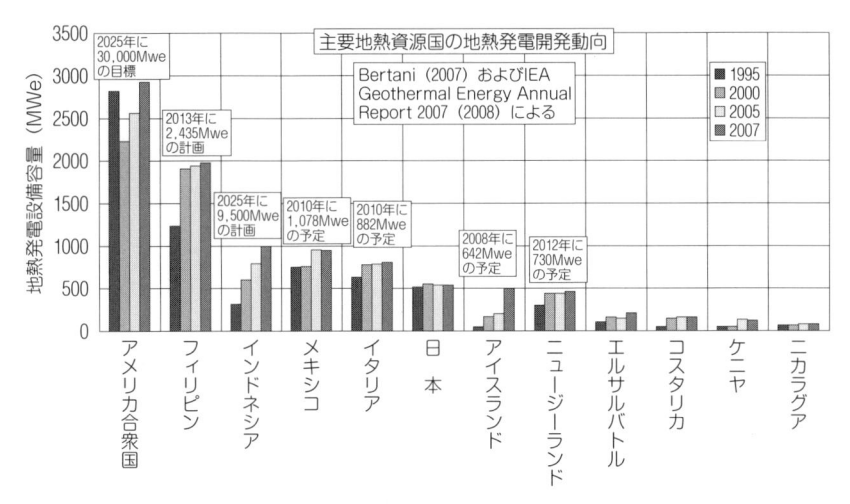

国　名	活火山数（個）	地熱資源量（MWe）
インドネシア	150	27,791
アメリカ合衆国	133	23,000
日　本	100	20,540
フィリピン	53	6,000
メキシコ	35	6,000
アイスランド	33	5,800
ニュージーランド	19	3,650
イタリア	14	3,267

主要地熱資源国の地熱発電開発動向

Bertani (2007) およびIEA Geothermal Energy Annual Report 2007 (2008) による

（凡例：■1995　□2000　□2005　■2007）

- アメリカ合衆国：2025年に30,000Mweの目標
- フィリピン：2013年に2,435Mweの計画
- インドネシア：2025年に9,500Mweの計画
- メキシコ：2010年に1,078Mweの予定
- イタリア：2010年に882Mweの予定
- アイスランド：2008年に642Mweの予定
- ニュージーランド：2012年に730Mweの予定
- エルサルバドル
- コスタリカ
- ケニヤ
- ニカラグア

（縦軸：地熱発電設備容量（MWe））

（出所）地熱発電に関する研究会第1回資料「地熱発電の開発可能性」, 2008, 産業技術総合研究所.

所を全国19ヵ所に立地し，その設備容量は53万kW，発電電力量は31億kWhに（一次エネルギー供給量全体の約0.3%）になっているが，なおその資源に見合った利用をしているとはいえない。

　地熱・温泉発電には，太陽光や風力のように天候の気ままな影響を受ける自然エネルギーとは異なって，次のような大きなメリットをもっている。(1) CO_2 を排出しない純国産の再生可能エネルギーであること，(2)安定した電気を供給できる（設備利用率が高い）こと，(3)安定した電源のためスマートグリッドへの展開が図りやすいことなどが指摘される。

（2）小浜における事業の自立と地域の自立の統合へ

　小浜温泉における地熱発電の活用については，その資源の豊かさが知られていることから以前から開発計画の歴史がある。ただ，これまでの小浜温泉発電計画は地元住民，特に温泉街など泉源所有者の反対を招き，失敗してきたのである。そこで，今回は，未利用温泉の活用に限定して小規模バイナリー発電を実施するという確認を地元と共有したうえで，地元主体の実施協議会を設立し手進められている。小浜温泉の地下の源である小浜温泉帯水層は1つなので，地域共有資源との共通認識が必要である。

　未利用温泉に限定しても小浜温泉の資源可能性は大きいからである。小浜温泉は100℃程度の源泉温度と約15,000t／日の湯量を有するが，その豊富な熱量は有効活用されておらず，温泉事業者の利用中の坑井だけでも，その約35％は未利用のまま海へ流されている状況である。さらに，未利用坑井を含めると30％未満しか利用されておらず，約70％が未利用という結論をえている。さらに，近年，バイナリー発電の技術が発展していることも事業の可能性を広げている。バイナリー発電とは，温泉水を発電に直接利用するのではなく，沸点が低い媒体（液体）を加熱・蒸発させ，その蒸気でタービンを回して発電する方式であり，近年その技術の開発が内外のメーカーで進んできた。

　現在，環境省の「平成23年度地域主導型再生可能エネルギー事業化検討業務」をはじめ3つの事業に採択され，補助金を受けなくても，全量買取制度による売電収入により事業経営が自立できるようなスキームを考案している。

　エネルギーの変換（形成）が成功して，事業としての自立が補助金抜きでも持続的に経営可能なかたちで実施できるようになれば，地域の電力ネットワークへの配電を経て，雲仙地域だけでなく，島原半島全体におけるエネルギーの地産地消のスマートコミュニティ・モデル，「永続エネルギー地帯」の可能性が展望できる。島原半島の資源可能性は，地熱・温泉で45.0MW（八丁原の半分以下），風力で7.6MW，太陽光で1.1MW，中小水力で1.7MW，合計55.4MWと推計されている（九州大学・江原の推計）。そこで，一世帯一ヶ月の平均電力使用量を300kWhと仮定すれば，島原半島（雲仙・島原・南島原）

総世帯数が約55000世帯であるので，半島全体で必要な電力は16.5 MWと算定される。その結果，島原半島は，電力340％は地産地消で自給できる地域となり，「永続エネルギー地帯」の実現が期待できることになる。

参考文献

朝野賢司『再生可能エネルギー政策論――買取制度の落とし穴』エネルギーフォーラム，2011年。
阿部力也「情報と電力を融合するデジタルグリッドを提案」『スマートエネルギー No. 3』2011年。
飯田哲也『エネルギー進化論――「第4の革命」が日本を変える』ちくま新書，2011年。
植田和弘編『国民のためのエネルギー原論』日本経済新聞社，2011年。
江原幸雄「地熱エネルギー利用の最先端と小浜温泉」シンポジウム『ジオパークにおける低炭素まちづくりと地域再生～温泉エネルギー活用の明日を語る』小浜温泉エネルギー活用協議会，2011年3月7日。
荻本和彦『低炭素エネルギーシステムの将来像』2011年。
　　http://eco.nikkeibp.co.jp/article/column/20110328/106234/
大島堅一『再生可能エネルギーの政治経済学』東洋経済新報社，2010年。
資源エネルギー庁『エネルギー白書2011』。
　　http://www.enecho.meti.go.jp/topics/hakusho/2011/index.htm
日経BPクリエーティブ『スマートエネルギー』No. 1～3，日経BP社，2009～2011年。
日本地熱学会『地熱発電と温泉利用との共生を目指して』日本地熱学会，2010年。
八田達夫「ベストミックス選択における事業者と政府の役割分担」総合資源エネルギー調査会基本問題委員，2011年。
諸富徹・浅倉美恵『低炭素経済への道』岩波新書，2010年。
諸富徹「スマートコミュニティ構築の政策手法とファイナンス」環境経済・政策学会2011年大会・公開シンポジウム「エネルギー政策の新基軸と低炭素社会」2011年9月24日（土）。
朴勝俊・李秀澈「東アジアの再生可能エネルギー政策――日中韓台の普及促進措置の現状と課題」『東アジアの環境賦課金制度』昭和堂，2010年。
資源エネルギー庁総合資源エネルギー調査会基本問題研究会
　　http://www.enecho.meti.go.jp/info/committee/kihonmondai/index.htm

（小野隆弘）

Ⅲ　地域と生活

第7章

地域における生活環境政策——まちづくり序説

　　19世紀は労働者を生み，20世紀は消費者を誕生させた，といわれている。では21世紀はなにを生み出そうとしているのか。「暮らしをみつめると，時代がみえる」というから，その解を見出せないまでも，ヒントを得ることが本章の目的といってもいい。少しばかり論点を先取りすれば，よく聞くようになったタームの，〈生産者と消費者の共生〉がキーワードとなる，といえるのではあるまいか。

　　そしてその共生場所は，ひとが暮らす現場，地域である。じつは，これらの登場人物を舞台に乗せ，彼らが抱える課題を舞台ごと検討する学問が，地域生活環境政策論にほかならない。

　　本章の場合，対象地域は主に長崎におき，生活主体の市民・住民がいかなる環境のもとで暮らしているかを描き，その際の問題点等を検討する。そこから，必要とされる政策が見いだせるというわけである。

　　ただ本章で検討される対象は，頁の関係もあるが，これまで概して研究が乏しいのが，アメニティ保全なので（寺西，2000），これに絞った。かかる視点は，われわれの暮らしをサスティナブルにするためにきわめて重要な視点である。それゆえ，地域づくり，まちづくりに寄与できる，と考えている。

1　なぜ地域生活環境政策論なのか
　　——リスクに満ちた暮らしのなかで，幸せをめざすには

（1）生活主体に目をやると

　まずは生活主体に目を向ける。これが地域生活環境政策流である。

　今日，生活リスクに無縁な，頑強な家族なんて存在するのだろうか？　とい

うのも，現代家族の生活経営とは，いわば三人か四人も乗れば定員一杯になる小さなボートに喩えられるからである。それに乗って，しかもなまじ馬力のあるモーターを取り付けたばかりに"美味しい話"があれば，遥か沖合にまでボートを出し，それまでの沿岸航行では経験の無い大きなうねりや潮流に翻弄されながら，

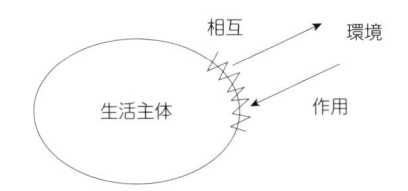

図7-1　生活主体と環境モデル
(注)　主体と環境の不断の相互作用を生活という。ときに両者の間に"摩擦"が起きることがあり，これを生活リスク（図のギザギザ部分）という。

小舟の中では乗り込んだ構成員個々が各自の生活行動を必死になって営んでいるように思える。しかしながら未知で，経験のない環境のもとでは，躓きやすい。そこでの構成員一人の"躓き"は，それがたとえ核所得者でなくても，他の構成員に物心両面において直接，間接に小さからざるリスクを招く。それが家族崩壊につながる場合も決して少なくない。

ところでわれわれは，日頃から生活経済事象を観察し，生活主体と環境との相互作用の結果生じた"摩擦"をとり上げ，その解消策を検討している。図7-1の破線部分が，それである。その際，われわれの眼はこれまでとかく"環境"に注がれてきた，というのが実情である。上の〈小舟の話〉に即していえば，"沖合の大きなうねりや潮流"に専ら眼は向く，というわけである。

無理もない。変革期の現代，環境は大きく様変わりしている。1980年代以降，特に90年代からの経済環境に，まず以ていかに適応するか，それこそがわれわれにとって，喫緊の生活課題であったのだから。むろんここでいう経済環境の変化とは，それを示した図7-2をご覧頂きたいが，要するに情報化であり，IT化であり，そしてグローバリゼーションをさす。なおグローバリゼーションに関してはさしあたりスティグリッツ（2006）とフリードマン（2006）が，互いの見方は異なるが参考になる。

実はそれと同時に，看過してはならないことがある。P.ブルデューは，ひとは「経済資本と文化資本を指標として差異化される社会空間の座標平面上に位置づけられる」（1990, 167頁）というが，人並み化指向の大衆消費社会から

102　Ⅲ　地域と生活

時の
流れ

昭和30年代
都市化

高学歴化
サービス経済化

昭和40年代
後半
女性の社会進出

1990年代
人口高齢化
・少子化
グローバリゼーション
情報化・IT化

人的環境　　　　　物・サービス環境

β領域　生活主体　α領域

図7-2　生活主体と現代の生活環境

差異化指向の"ポスト消費社会"への展開が見られたことが，それである。なぜなら，この新しい社会はわれわれに欲求水準を一段と高めることを要請する社会の到来を意味するからだ。

ところで，"所与あるいは与件"とされがちな生活主体にわれわれはもっと留意する必要があるのではあるまいか。適応すべき"相手"である経済環境を知ることの重要性はもちろんだが，それと同時に，"己"を知らねば適切な対応はとれまい。なぜならば現代において，経済環境と同じく，生活主体にも大きな変化が生じているのだから（三浦〔2005〕や山田〔2004〕参照のこと）。いまそこを図7-2で示せば，生活主体の左半分（β領域）の変化をさす。

事実，近年企業では，長引く不況がもたらした人員削減により，成人のうつが拡大し，自殺が増えたり，また子どもにもうつが存在し，そのことが他の家族成員に及ぼす影響は小さくないという。たとえば，傳田（2007）を参照されたい。

そこで（2）で，この生活主体について概説し，さらに（3）で，この生活主体とは，消費者個人か，その構成体の家族を指すのか，止目すべき大切な点なので簡単に触れておきたい。（4）で以上を簡単にまとめる。

（2）現代家庭経営の難しさ：生活主体の変化に着目する

いつの時代にも，その時代に特有の暮らし難さを抱えているのだろう。

では現代（とは，ここでは1980年代以降の「ポスト消費社会」をさす）という時代はどうなのか？　激動する経済環境の変化については上述の通りだが，詳細は述べるスペースがないので他に譲り，ここでは主体に関して止目すべき3点を述べるにとどめたい。すなわち，

① 現代生活者のもつ，自己実現という高度な欲求を実現することの難しさ
② 小宇宙システムとしての近代家族の有する問題点
③ 長寿化による新しい人生段階の誕生

について検討を加える。

III 地域と生活

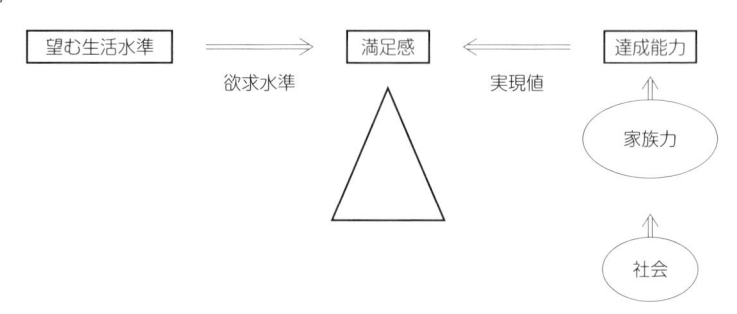

```
┌─────────┐        ┌─────┐        ┌─────┐
│望む生活 │ ═══▶  │満足感│  ◀═══ │達成能力│
│水準     │  欲求水準│     │ 実現値 │     │
└─────────┘        └─────┘        └─────┘
                      △              │
                     △ △             ▼
                    △   △         ┌─────┐
                   △△△△△         │家族力│
                                    └─────┘
                                       ▲
                                       │
                                    ┌─────┐
                                    │ 社会 │
                                    └─────┘
```

図 7-3 満足感の基本構造

① 現代生活者のもつ，自己実現という高度な欲求を実現することの難しさ

　図 7-3 のように，生活者にとって満足感は，己が望む生活水準（欲求水準）と，それを達成できる能力に依存する実現値とのバランスで決まる。マズロー（1987）を引き合いに出すまでもなく，"生きがい" をめざすといわれる現代人の欲求水準はきわめて高く，このことが，当人に大きな負担となっているばかりか，そのことが他の家族構成員にも大きな精神的な負担をもたらすという構図になっている。

　一例を挙げると，父親が，あるいは母親がそれなりの生活水準を願い，その結果，不幸にして多重債務問題で苦しむ数は200万ともいわれている。問題は，そのことが家庭内不和を招き，子どもの心を荒んだものに変え，一家離散の悲劇へとつながる例には事欠かないということである。

② "小宇宙システムとしての現代家族" の抱える課題

　"家族の風景" が様変わりを呈している。上野千鶴子流にいう「不都合なメンバーを捨てて」きた結果，なのだろう。だがこれは豊かな暮しを求めての歩みの途上で生じた「ちょっとした出来事」なのかもしれない。個人の欲求充足と，集団としての家族の安定性向が思いの外マッチし，やはり家族は，セキュリティ・グッズ（保険財）なのである（谷村，1995，第9章）。実際，国民意識調査で一番大切なものは「家族」で，精神的安らぎの場として認められている。

　ただ，石川実（1997）がいうように，「現代の家族は，形態のうえで核家族

化と小家族化という道を…選んだゆえに，問題処理能力をもつ少数の成人家族メンバーの肩には，凝集化した家族機能がのしかかるというアイロニカルな結果がもたらされた」のだ。

　事例を１つ，見てみる。

　育児ストレスの場合，『子育ての変貌と次世代育成支援』（名古屋大学出版会）によれば，子育て環境は，ここ20年間に劇的に変わったという。ひとつは，乳幼児にまったく関わったことがないままに親になった母親が半数を超えている事実。いまひとつは母親が，物理的に孤立しているばかりではなく，精神的に孤立しているケースが多いこと。

　なぜ母親のストレスが高まったのか。「母親が育児をするのが当たり前」とされているが，母親だけで四六時中子供と向き合う育児は，歴史上なかった。また現代の母親は自己実現を目標に育てられてきた。しかし，育児は自己犠牲的側面が強い営みで，「自己実現」と「親としての役割」のバランスは取りにくく，これがストレスを高める。

　地域や学校の影響力が弱まり，家庭こそ子どものしつけや人間形成に中心的な責任を負う時代になったといえよう。

③　長寿化による新しい人生段階の誕生

　図７-４には，合計特殊出生率と平均寿命の趨勢が描かれている。見られるように，前者は低下，後者は上昇の傾向を示すが，そのテンポはどちらも戦争直後がもっとも速く，少子化が着目され始めた70年代以降は，どちらの速度も鈍っている。それにもかかわらず，いま人口が社会問題化しているのは，少子化により人口の年齢構造が大きく歪み，高齢者比率が上昇してトップヘビーになってきたからである。その結果，年金や健康保険制度を圧迫しはじめた。

　この背後には，出生率の低下ほどには注目されなかったが，もう一つの大きな変化があることを見過ごしてはなるまい。

　高齢者の平均余命が近年，急速に伸びたこと，ここにも斎藤（2005）は着目する。たしかに，定年退職後，10年しか生きられない時代と，その２倍の20年

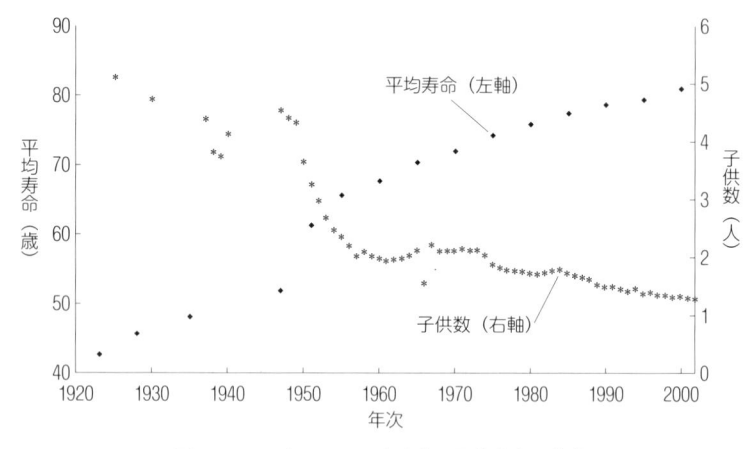

図7-4　日本における出生力と平均寿命の趨勢

の余命がある状況では，退職後の生活状況は大きく異なるはずである。

　しかしながら，この「勤労と要介護の時期に挟まれた，しかし十分にまとまった長さをもつ人生段階の登場」（斎藤，2005）に対してわれわれはいかに処すべきか，人生設計の準備さえなされていないのが現状である。

(3) 個人の生活リスクか，家族のそれか

　周知のようにミクロ経済学において主体の一つは「消費者」である。また生活主体の"個人化"が進みつつある昨今，生活主体は「剝き出しの個人」を対象とすべきだという見方は，一案ではある。というのは，家庭外で起こった出来事のショックアブソーバーとなり，あるいはまた冷たい疑似世間ともなり，その経験を社会に出るまでに積ませる伝統的な家族は，今は存在しにくい。

　だがわれわれは，まずもって「家族」を生活主体の対象とすべきと考える。というのも，在るのは「剝き出しの個人」数名から成る"小宇宙"ともいうべき小さな家族ではあるが，なんといってもこのちっぽけな構成体こそが生活の基盤となっていることに変わりはないからである（谷村〔1995, 第2章〕を参照されたい）。

　その際，われわれは家庭（生活）経済事象を検討するときにも精神（心理）

面にも留意する。ここがポイントとなろう。心理（情緒）事象と経済事象は密接な関係にあり，"経済"面だけからの接近ではなく，"心理"的な視点からも同時に接近し，その相互作用を検討して初めて，その全体を抑えられるはずだから。たとえば，気持ちよく仕事をした場合と，そうでない場合の仕事の生産性は有意な差を生じるとの結果が，精神経済学が教えている。

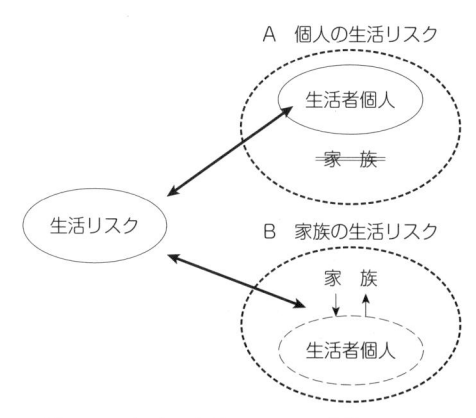

図7-5　個人の生活リスクか，家族のそれか
（注）モデルAには，もともと家族の想定がない。ここではモデルBとの対比のために，あえて挿入した形をとった。

なお昨今，個人の心理的な側面に着目する経済学が注目を浴びている。精神経済学や行動経済学が，それである（友野，2006参照）。精神面に留意するという点では興味深い点が多々ある。

（4）求められる環境知：これまでを整理すると

19世紀から20世紀の境目前後に誕生し，高度成長期に急速に展開した日本の近代家族が早くも揺らぎ始めている。とりわけ80年代以降の現代家族の構成員たちは，たとえば消費環境に即していえば，ポスト消費社会化という，いわば"欲望に抱かれた暮らし"のなかで，自分らしい生き方を追求する，あるいは自己実現を図らねばならないという社会環境のなかで，高レベルの欲求を望むが故の不満，不安に悩む日々を過ごす羽目に陥っているといってもいい。

だとすれば要は，かかる環境を直視しながら己を虚心に見つめ直すしか，リスクを軽減する術はないと考えられる。すなわち，生きがいを叶えるには望む欲求水準を己の納得できるレベルにまで下方修正する知恵と，個々人の欲求達成力，あるいは支える家族成員の総合力（家族力といえようか）のいっそうの充実が求められる。それでも足らないときは，地域社会の支援が不可欠といわ

れている。たしかに家族介護が当たり前だったのは，もう過去の時代となりつつある。家族を代替するものとしての地域に注目して，地域パワーを取り込む介護こそが実りある介護になると，加藤（2007）はいう。これらはいずれも環境知に依存する（谷村，2006b）。

2 増える食糧難民にどう対応すべきか

　目を生活主体から環境に向ける。ここでも高齢化を取り上げる。

　高齢社会はさまざまな局面をわれわれに見せる。以下の断面は，そのひとつだ。

　フードデザート，訳せば"食の砂漠"が広がりつつあり，栄養過多に悩む人があふれる飽食の今日において，生鮮食品を買えず，栄養不足に陥る高齢者が少なくないという。かかる高齢者を「食料難民」という場合もある。車に無縁な高齢者が，それまで利用していた自宅近くの小売店がなくなり，日常の買い物に困るようになったことをさす。従来は過疎地域に起こり勝ちな社会事象だったが，昨今では都市部でも見られるようになったという

　ここではその一例として，1970年代に開発された，長崎市の北隣に位置する団地，長与ニュータウンに接近する。そこは現在，高齢者世帯で充ちた"オールドタウン"と，化している。

　このニュータウンは，団地内で唯一のスーパーだった「生協」が10年前に店を閉じてから今日まで，ミニスーパーさえ存在しないまちでもある。したがってそこでの買い物行動は，車などの「足を持たない」高齢者には，生活を維持する上での難題となっている。生鮮食料品を調達できず，栄養不足に陥る危険性は少なくない。

　それゆえ本来，採算が取れ難いからといって容易に退出したり，あるいは参入しないことは，市場経済では理に適う経済行動ではあるが，生活維持の不可欠なケアのような，いわば地域生活インフラとしての販売活動には相応しくない側面を有する。超高齢社会における重要な生活課題と考え得る，このような

社会的ニーズは、公共、あるいはNPOのような新公共領域に帰属すると考えるべきではあるまいか。

そうだとすれば、販売主体が大村湾漁協のようなケースは相応しいし、地産地消ということであれば、なお好ましい、といえよう。じつは、このような新規の需要開拓に基づく販路拡大は、漁協にとっても望ましい。なぜならば、市場規模が次第に小さくなるなかで、小さな需要を拾い集める努力を仕始めているのが、いまの小売のすがたである。そうだとすれば、むしろ漁協にとっても貴重で、有望な需要といえよう。ウイン・ウインの関係とさえ、いえるかもしれない。

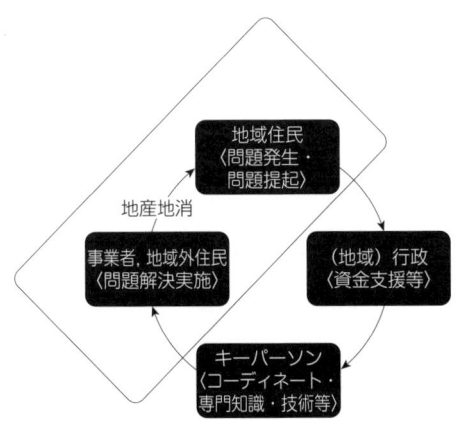

図7-6　食糧難民対策の地産地消型モデル

以上の観察結果をまとめると、図7-6のようになろう。これは食料難民対策のひとつのモデルとでもいえるので、これにわれわれは、「食糧難民対策の地産地消型モデル」と名付けている（谷村他, 2011）。

経済産業省の推計では600万人もいるといわれている食料難民だが、驚くなかれ、今後、2000万から3000万人に増えるとの見方もあるという。したがって今後、消費者問題としてさらに避けて通れない重要な課題となるはずである。

3　コミュニティ・ビジネスがつくるサスティナブルなまち

（1）定義と背景

「コミュニティ・ビジネス」というタームがあるが、聞き慣れない向きも多かろう。無理もない。1990年代の半ばから使われ始めた新造語なのだ。その一方で、「地域の活性化、再生」などのタームはさまざまなところで飛び交って

いる。じつは、コミュニティ・ビジネスとは、この地域の活性化あるいは再生という課題を、地域の資源を活用しながら解決を図ろうとする住民の主体的な取り組みを指す。そして、その際にビジネス手法が採用されるというところに、その特徴を有する。

ここで「ビジネス」と記した。ビジネスと記すからにはむろん、利潤の追求は必要不可欠だということを意味する。だが、そもそも収益性など度外視してきた事業活動（領域）なのだから、そのことが第一義的な目的とはならないところが、この活動のこれまた特徴といえる。ただ、活動資金が枯渇したらそれでお仕舞い、というような一過性の活動に陥るのはなんとしても防ぎたい。そのためには、その事業活動が持続可能な程度になんとか事業収益性を維持できればいい、と考えられているのが、コミュニティ・ビジネスなのである。

ではなぜコミュニティ・ビジネスが生まれたのであろうか。90年代半ばという、生まれた時期からして、地方自治体財政の大幅赤字のために、それ以前ほどには行政の手が届きにくくなったこと。また他方、地域（住民）のニーズを汲み上げ、それを提供することができなくなった、いわば制度疲労ともいうべき状況に陥った地域（供給）システムの存在が挙げられよう。

かかる環境の下、地域の喫緊の課題である地域再生を願い、住民自らが立ち上がって事業活動に取り組む。その活動からは金銭的な見返りは望みにくいが、そこには社会貢献という満足感や、安心して暮らせるまちを自分たちでつくるという生き甲斐が生じる、というわけである。以下ではその事例をみてみよう。

（2）新大門商店街のまちおこし、「長崎さるく博'06」の場合
① 新大門商店街のまちおこし

まちを再生しようとする住民の情熱、やる気こそがコミュニティ・ビジネスの成功の鍵を握っていることを、かつてわれわれは実感したことがある（谷村，2004）。"環境による商店街のまちおこしで全国的にも名が知れた名古屋の新大門商店街の諸活動が、それである。そこには、活動の中核を担う人と、それを支える人々との信頼に基づいた供給側のネットワークが構築され、そこに地域

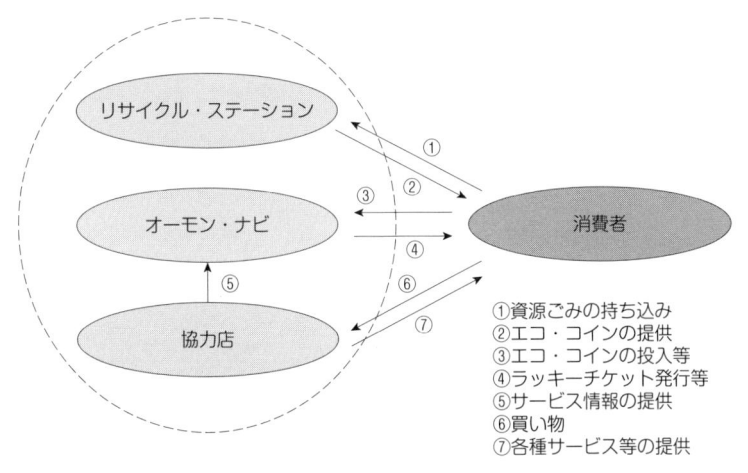

図7-7 大門エコ商店街の仕組み

住民—校区の小学校までも—が参加してそのシステムの構成員となっている，という構図が描ける。まさに図7-7に示されるような，地域環境イノベーションともいうべき地域活性化システムが作動している。

② 「長崎さるく博'06」

　2006年の4月から10月にかけて催された観光キャンペーン，「長崎さるく博'06」（以下，「さるく博」と略称する）も，長崎市民がつくったコミュニティ・ビジネスのひとつの事例となるかもしれない。「さるく」とは長崎弁で「ぶらぶら歩く」ことをいい，要するに「さるく博」とは，長崎のまちを42の散策コースに分け，それを観光ガイドに案内されながら，あるいは地図を片手に「さるく」ことで，長崎を知ろう，という催しである。私の見るところ，「さるく博」の真骨頂は，それにボランティアとして参加し，観光のまちづくりに勤しむ700人とも，800人とも云われている観光ガイドの市民の存在である。

　図7-8をご覧頂きたい。これは従来型の観光地の構造と，さるく博のそれを対比して描いたもので，これまで下部構造として観光地の基本構造を支えていた市民が，表の顔として観光の"晴舞台"に登場したことを示している。当

112　Ⅲ　地域と生活

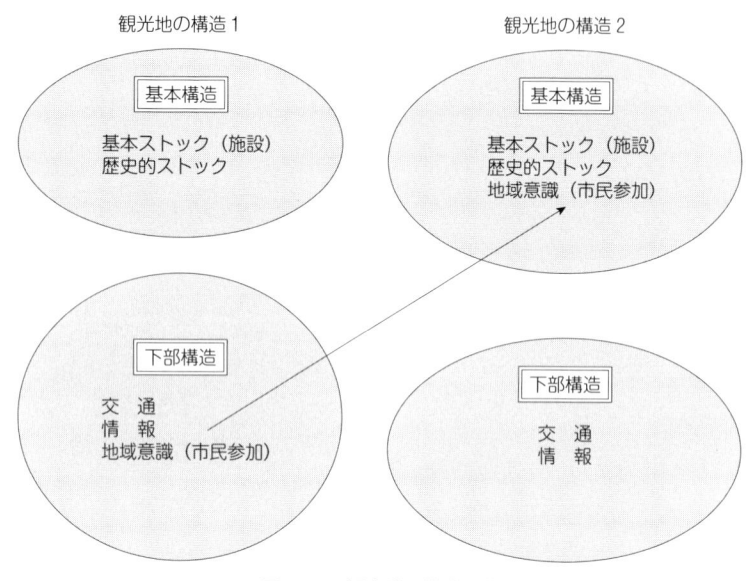

```
観光地の構造1                    観光地の構造2

  ┌─基本構造─┐                 ┌─基本構造─┐
  基本ストック（施設）           基本ストック（施設）
  歴史的ストック                 歴史的ストック
                                 地域意識（市民参加）

  ┌─下部構造─┐                 ┌─下部構造─┐
  交　通                          交　通
  情　報                          情　報
  地域意識（市民参加）
```

図7-8　観光地の構造変化

然のこととして，舞台に上ったからには，単なる道案内では収まるはずはない。

　そうなのだ。「長崎のまちをいま一度じっくりと知ろう」としているのは，観光客だけではなく，むしろ観光ガイドすなわち市民その人たちである。加えて，彼らを取り巻く，その数倍，否数十倍，数百倍にもなる市民に他ならない。彼らが，長崎が本来持つ固有価値を，市民の有する享受能力を通じてレベルの高い実効的価値に転じさせ，新たな価値を観光客に提供するのである（池上，1994）。したがって，そこでは，彼らの所有する享受能力の高低が非常に重要な役割を担うことになる。

4　持続可能なまちをめざして──まとめにかえて

　ほんの一端ではあったが，われわれがいま抱えている課題の一，二を検討してきた。以上の事例から読めることは，持続可能な社会やまちにとって必要なものは何か，これであろう。そこで次は，これまで見てきたような"情報"を

市民が共有することが大切で，そしてこのような認識の市民が主体となってまちをつくることがいま，求められているといっていい。それにはどうすればいいのか。最後にこの点に触れて，まとめにかえたい。

　昨今，消費者市民社会というタームを耳にするようになった。CCN（Consumer Citizenship Network）によれば，消費者市民とは「倫理的，社会的，経済的および環境的配慮に基づいて選択を行う個人」を指し，「家族，国及び地球レベルで責任をもって行動することによって，正義と持続可能な発展を保つことに能動的に貢献する」という。この消費者市民を育むのが消費者市民教育で，たんに環境にうまく適応できる「賢い消費者」というだけではなく，環境に働きかけてその方向を転換しようとする，消費のもつ社会参加的役割に留意することに特徴があるといえる。

　先に見てきた事例の各主体は，このような社会に適合的な行動を採ってきたといえる。そしてその方向で地域の自治体もさまざまな支援を行い始めていることを，われわれはいくつも見てきている（川口・谷村，2007；谷村，2006a）その他。したがって，持続可能な社会やまちづくりに消費者市民教育が寄与する局面は少なくないといえる。それゆえ地域生活環境政策の効果的なツールといえよう。

　最後に，エンデ流に言えば，生産者と消費者が同じ方向を向いてめざす持続可能な社会，これが消費者市民社会，といえるかもしれない。これが21世紀がめざす社会となるかは，さらなる検討が必要となろう。

参考文献

池上惇『文化経済学のすすめ』丸善ライブラリー，1994年。
石川実「家族の形態と機能」『現代家族の社会学』有斐閣所収，1997年
加藤仁『介護の「質」に挑む人びと』中央法規出版，2007年。
川口惠子・谷村賢治「消費者行政の転換と課題」『消費者教育』第27冊，日本消費者教育学会，2007年。
川口惠子・谷村賢治「地方消費者行政の創成期に関する一考察」『消費者教育』第28冊，日本消費者教育学会，2008年。

川口惠子・谷村賢治・岩本諭・大羽宏一「地方消費者行政における協働行政の可能性」『消費者教育』第31冊，日本消費者教育学会，2011年。
斎藤修「人口変動と経済」『歴史から読む現在経済』日本経済新聞社，2005年。
スティグリッツ，J. E.，楡井浩一訳『世界に格差をバラ撒いたグローバリズムを正す』徳間書店，2006年。
谷村賢治『現代家族と生活経営』ミネルヴァ書房，1995年。
谷村賢治『生活リスクと環境知』昭和堂，2004年。
谷村賢治「食品リスクと消費者センター」『東西會通　井上義彦教授退官記念論集』台湾学生書局，2006年 a。
谷村賢治「長崎観光の現状と課題——「長崎さるく博'06によせて」」『日本消費経済学会年報第28集』日本消費経済学会，2006年 b。
谷村賢治・齋藤寛『環境知を育む——長崎発の環境教育』税務経理協会，2006年。
谷村賢治・小川直樹編著『新版生涯消費者教育論——地域消費者力を育むために』晃洋書房，2007年。
谷村賢治・川口惠子「消費者教育における消費者像を考える(1)」『消費者教育』第28冊，日本消費者教育学会，2008年
谷村賢治「小宇宙システムのリスクマネジメント」『家庭経済学研究』No21，2010年。
谷村賢治・川口惠子・篠塚致子「食料難民と地産地消との"架け橋"」『消費者教育』第31冊，日本消費者教育学会，2011年。
寺西俊一「アメニティ保全と経済思想」理論経済・政策学会編『アメニティと歴史・自然遺産』東洋経済新報社，2000年。
傳田健三「見逃せない子どものうつ」『週刊エコノミスト』2007年12月4日号。
友野典男『行動経済学』光文社新書，2006年。
フリードマン，T.，伏見威蕃訳『フラット化する世界　上・下』日本経済新聞社，2006年。
ブルデュー，P.，藤原洋二郎訳『ディスタンクシオン　Ⅰ・Ⅱ』藤原書店，1990年。
マズロー，A. H.，小口忠彦訳『人間性の心理学』産能大学出版部，1987年。
三浦展『下流社会』光文社，2005年。
山田昌弘『希望格差社会』2004年。

（谷村賢治）

第8章

有機廃棄物循環と地域再生

　　　　福岡県大木町にある生ごみやし尿を循環利用する「くるるん」は，「ごみ処理」を「地域農業の振興」という前向きの事業に変えた。それは新しい自然科学の技術があったからではなく，社会経済的な試みの積み重ねの上にあった。筆者は，それを「社会変換」と呼んでいる。
　　　　単に環境保全をお金と手間をかけてやるのではなく，発想を変えて，そのお金と手間で町づくりへと転換する。
　　　　大木町で町民とともに環境課職員が行っている社会変換業務は，まさに社会を変革する業務である。

1　大木町の資源循環の取り組み

（1）生産の影としての廃棄

　企業や工場誘致による町づくり，つまり生産を中心とした町づくりは各地で積極的に取り組まれてきた。一方，廃棄を軸にした町づくりの例としては，青森県六ヶ所村の核廃棄物の再処理工場があげられる。残念なことに，これによって雇用や自治体の税収が増えることは期待できても，町づくりという積極的な思いは伝わってこない。むしろ，過疎地域への核廃棄物の押しつけ，といった負の側面が浮かび上がってくる。
　また企業誘致による町づくりは華やかさを伴うが，世界不況や企業の業績悪化によって工場の閉鎖，労働者の首切りにより町全体が崩壊するという事例も数多く経験してきた。地域社会のなかに適度に多様な生産の場，生活の場があることで地域社会の安定性が増すことも，経験してきた。
　さて，家庭からでるごみ処理やし尿処理は自治体がやらねばならない業務で

写真 8-1　道の駅　おおき
国道沿いにある道の駅。手前から直売所，レストラン，くるるん。

ある。従来，生産に脚光は浴びても，ごみやし尿処理に脚光が浴びることは少なかった。これらは自治体にとって衛生管理，環境保全のために「やらねばならない」義務的業務であり，多くの税金を処理に使う一方で，積極的な町づくりにはつながらないものであった。実際，ごみ焼却場やし尿処理場は地域では迷惑施設として位置づけられていた。

　生産に関わる業務を光とすれば，廃棄に関わる業務は影の部分として社会的にも低い評価しか与えられてこなかった。その一方で，環境保全のためのさまざまな規制によってごみ処理，し尿処理のコストは巨大化し自治体の財政負担を増やしていた。

　こうしたなか，ごみ処理やし尿処理を「町づくり」「農業振興」という前向きの業務に変えたのが福岡県大木町である。しかも処理にかかっていた費用を半額以下におさえただけでなく，町内の雇用も生みだした。

（2）大木町の取り組み

　福岡県大木町（人口およそ1万4,500人）の「おおき循環センターくるるん」

写真 8-2　くるるん
生ごみやし尿の臭気はまったくないので，隣接してレストランがあっても，問題にはならない。

では町内の生ごみやし尿をメタン発酵させ，その消化液を液肥として農家に格安で提供している。農家は液肥を利用し有機農業に取り組む。隣接する地産地消レストランや直売所で，その農産物を販売する。

こうした「循環の町づくり」の取り組みがあるため，レストランや直売所に訪れる客の評価は高い。ごみ焼却場や堆肥工場などは迷惑施設として市民には嫌われるのだが，くるるんは，地域住民に喜ばれる施設として動いている（写真8-2）。

大木町ではくるるんを建設するまで，生ごみは可燃ごみとして収集し，隣の大川市に焼却処分を委託していた。住民が出す可燃ごみの約40％が生ごみだったので，生ごみ資源化で焼却委託費が削減された。平成17年度の可燃ごみ量3,100tが，くるるん建設後の平成19年は可燃ごみ量が1,700tにまで減少している。その結果，焼却委託費用は2000万円削減した。また，し尿は海洋投棄をしていたが，その費用も6,300万円が削減された。くるるんの運営費用は年間5,000万円程度であるから，3000万円以上の削減となる。

写真 8-3 レストラン
地元の農産物を使ったレストランは好評で，平日でも満員である。

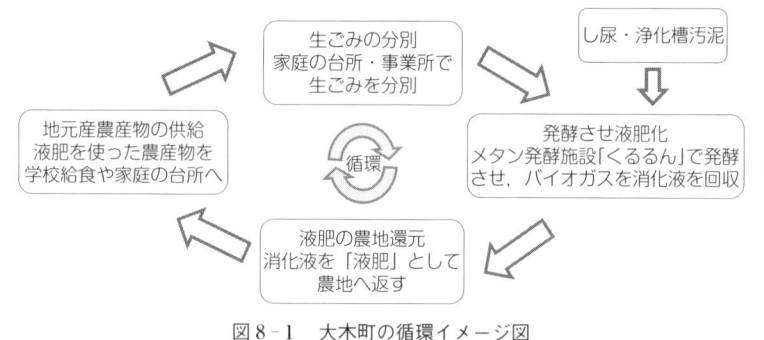

図 8-1 大木町の循環イメージ図

（3）取り組みの経緯

　1998年，ロンドン条約でし尿の海洋投棄が禁止されたことをきっかけに，大木町の当時の町長の発案で生ごみやし尿の循環利用をすすめることになった。2000年，その企画担当として環境課が新設され，循環事業に着手した。

　当時，生ごみを資源化している自治体はあったが，堆肥化が中心であった。堆肥の場合は臭気が外部に漏れ出し迷惑施設となるため，メタン発酵による処理，およびその消化液を液肥として利用するという方法を選択した。しかし，

表 8-1　大木町循環事業の取り組み年表

(年度)	1998	1999	2000	2001	2002	2003	2004	2005	2006	2007	2008	2009	2010
全体推進	(ロンドン条約批准)		町長による生ごみ循環構想の提案 / 新エネルギービジョン策定	環境課の新設, 住民委員会・庁内プロジェクトチームの立ち上げ / 福岡県リサイクル総合研究センター共同研究事業					バイオマスタウン構想策定				
ハード面の検討				新エネルギービジョンFS調査 / テストプラント稼動 液肥散布実験 栽培試験					第1期建設工事 / 供用開始	第2期建設工事			道の駅 (直売所, レストラン) 営業開始
ソフト面の検討				生ごみ分別, 循環事業に関する住民説明会 / 生ごみ分別モデル事業					生ごみ分別全町実施	「環のめぐみ」学校給食での提供開始 / 循環授業教材作成			

これには前例がなかったため，生ごみ分別のモデル事業，液肥利用のモデル事業などを数年にわたり試み，町内への普及をはかった。

2006年にプラントが稼働をはじめ，生ごみやし尿が液肥として循環利用されるようになった。2010年には道の駅として，直売所やレストランが稼働し始め，液肥で栽培された農産物が利用・販売されている。

2　社会変換がつくる地域の循環

(1) ごみと商品

資源循環の現場で多く見られるのが，ごみと商品の認識不足である。

表8-2　自然科学の技術による生ごみ変換

変換技術		製品（用途）
生物的変換	好気性発酵	堆肥
		液肥
	メタン発酵	液肥
		バイオガス（電力・温水）
	エタノール発酵	エタノール
化学的変換	炭化	炭（燃料，土壌改良剤）
	エステル化	バイオディーゼル燃料
物理的変換	圧縮・高密度化	RDF（燃料）
その他	飼料化（破砕，乳酸発酵等）	飼料

　学生に「ごみと商品の違いは？」と聞くと，「きれいなものが商品で，汚いもの，使えないものがごみ」という答えが返ってくる。

　経済社会では「お金をだしても買いたいもの」（需要があるもの）が商品。「買いたくないもの」（需要がないもの）がごみ。どんなに新品できれいでも，買う人がいないものは商品ではなく，ごみ。

　たとえば，科学技術を用いることで，生ごみを堆肥や液肥に変換することはできる。表8-2は，生ごみを自然科学的にさまざまなものに変換する技術の例である。自然科学の技術を用いて，生ごみを堆肥や液肥だけでなくエタノールにも変換させることができる。ただし，生ごみを肥料に変換すれば，肥料がすぐに売れて，循環利用されるわけではない。

　ある自治体ではごみ焼却炉の横に生ごみの堆肥工場を作り，家庭やレストランなどの生ごみを堆肥に変換していた。しかし，その堆肥を使ってくれる農家がいなくて，結局，売れ残った堆肥を焼却炉でごみと一緒に燃やしていた。堆肥工場を建設すれば，生ごみを堆肥に変換することはできる。しかし，生ごみから変換された堆肥が農家に売れなければ，循環ではない。

　売れれば商品，売れなければごみ。これが経済社会の基本原理。

　経済社会のなかでの循環とは，ごみから変換されたものが商品として売れ，流通によってまわっていくことである。

（2）肥料の価値を高める試み

　大木町では変換のための施設（くるるん）を建設しただけでなく，循環の取り組みとしてさまざまな活動を行っている。こうした活動を，ごみと商品という経済の視点でもう一度見直してみる。

　大木町では生ごみとし尿をメタン発酵させた消化液を液状の肥料（液肥）として地域で循環利用していた。消化液は化学成分的には肥料であるが，社会的にはまだ肥料ではない。そこで大木町では，消化液を魅力的な肥料にするためにさまざまな活動を行っている。

① 肥料登録

　消化液の成分を分析し，肥料としての中身，肥料としての安全性を確認し，登録する。このことで消化液が社会的に肥料として認められる。

② 液肥による実証栽培

　ほとんどの農家は化学肥料や堆肥を使った経験はあるが，生ごみ液肥を使ったことはない。見たこともないものを買う人はいない。そこで，大木町では田んぼや畑に「液肥で栽培中」という看板を立てて実証栽培を行った。

③ 先進地見学

　大木町では，液肥利用の先進地である福岡県築上町の取り組みに学んだ。大木町の農家が築上町を訪問し，液肥について実際に利用している築上町の農家に聞いて，液肥利用方法を学んだ。

④ 施肥管理

　肥料の購入者である農家に対して，稲・麦・野菜などへの液肥利用方法をマニュアルとして作成，配布している。

⑤ 成分調整

　大木町では行っていないが，先進地の福岡県築上町では液肥に不足するリンを添加することで，農家にとっての液肥の商品価値をあげている。

⑥ 散布サービス

　大木町では農家が申し込めば，液肥の散布をしてくれる。

農作業の機械化が進んでいるが，肥料散布，農薬散布はいまだに人手で行われている。そのため，液肥の散布サービスは農家に喜ばれている。

⑦ 液肥利用組合

液肥を利用する農家の組織。農家の組織として液肥を利用してもらうことで，液肥利用の安定化につながる。また，利用組合を通して，農家同士の情報交換が進むため，よりよい液肥の利用方法，栽培方法などが，多くの農家に共有化され，そのことでさらに液肥利用が進む。

⑧ 価格設定

化学肥料と比較してはるかに安い液肥の価格を設定している。

⑨ 農産物のブランド化

液肥栽培の米は，福岡県の基準による特別栽培米として位置づけられている。「環のめぐみ」として販売されている。

⑩ 農産物の販売　地産地消

液肥で栽培された米は，学校給食用の米として利用されている。

また，直売所でも販売されている。

⑪ 循環授業，循環シンポジウム

小学校の授業で，くるるんの見学，循環の意義を伝える授業が行われている。また，外部の講師を招いてのシンポジウムを積極的に開催し，町民の循環の意識づくりを行っている。

大木町の循環の取り組みを紹介したが，こうしたさまざまな取り組みによって，「ごみ」であった消化液が「肥料」になり，さらに「農家が使える肥料」，「農家が得をする肥料」，「農家が誇りをもてる肥料」と，その価値を高めていることがわかる。この間，自然科学的な液肥の成分はまったく変わっていない。その社会的価値だけが高まっている。安くて，散布までしてくれて，さらにブランドとして販売できるだけでなく，小学生や市民から「すごいね」とほめてもらえる。そんな商品だからこそ，大木町の液肥はひっぱりだこになり，売り切れる状況になっている。そして，この肥料は米や野菜になり，直売所で販売

表8-3 「ごみ」から「農家が誇りも持てる肥料」への展開

より求められる商品
(需要の多い商品)
↑
⑪循環授業・循環シンポジウム 「農家が誇りを持てる肥料」
⑩農産物の販売・地産地消
⑨農産物ブランド化
⑧価格設定　　　　　　　　　「農家が得をする肥料」
⑦液肥利用組合
⑥散布サービス
⑤成分調整
④施肥管理　　　　　　　　　「農家が使える肥料」
③先進地見学
②実証栽培
①肥料登録　　　　　　　　　「肥料」

消化液のまま

ごみ
(需要のない商品)

され，学校給食で利用され，ふたたび生ごみやし尿として戻ってきた。
　こうした循環のための試みを，自然科学的な変換に対して社会経済的変換，略して「社会変換」とよんでいる。

(3) 社会変換過程と社会変換業務

　社会変換は変換品である液肥の経済的な価値を高めると同時に「循環の取り組みに誇りをもつ市民の育成」も行っている。
　大木町では小学生を対象にした授業「循環授業」や，町民を対象にしたシンポジウムなどを積極的に展開している。子どもたちは授業を受け循環の意義と仕組みを理解する。学校給食で液肥で栽培した米を食べることで，循環を体験する。さらに，児童を通して保護者や大人に循環の意義を広めている。
　また，ごみ袋の値段をあげる一方で，生ごみは無料でだせるようにもした。燃やすごみの回収は週2回から1回に減らし，生ごみは週2回の回収である。
　さらに大木町では，地区ごとに生ごみを回収しその分別状況については，回収する職員が目視でチェックする。そのチェックに基づいて，地区ごとに評価され，すぐれた分別を行っている地区には，町の温泉施設の入浴券が配布される。
　大木町環境課職員によるさまざまな社会変換業務によって町民を「使い捨

て」から「循環」へと促している。

　大木町における生ごみ，し尿の循環利用は，「くるるん」という自然科学的変換装置（メタン発酵装置）を業務として動かすことに加えて，その変換品である液肥を地域で循環利用させるための社会経済的な仕組み作り，社会経済的な業務である社会経済的変換業務がつくりだしていることがわかる。つまり，

　　　自然科学的変換＋社会経済的変換→循環

である。

　しかし，実際には循環は市民のボランティアではなく，行政職員の業務として行われているので，

　　　自然科学的変換業務＋社会経済的変換業務→循環業務

である。

（4）社会変換業務により回復する地域経済

　従来の処理の仕組みと地域のありかたでは，地域外から商品を購入し，それが使用され廃棄物として処理される。焼却の場合は焼却灰が最終処分地に埋め立てられる。

　いまや都市部だけでなく農村地域においても，農産物や食料品は地域外から持ち込まれている。また，栽培によって失われた肥料分を補うために，肥料も地域外（海外）から購入している。

　さらに，廃棄物処理のための施設はダイオキシン対策などが加わった高度な処理のために，施設の建設費（数十億円〜），運転費用，修理費用も大きくなっている。運転はメーカー任せで，少しの故障でも地元の環境課の職員では修理できないようになっている。これらのお金のほとんどは，たとえば東京の企業に流れている。

　生活をし，食事をし，し尿やごみを処理するという日常の行為を行うだけで地域からお金が失われる仕組みがある。それは同時に地域から仕事が失われる

ことでもあった。さらに、地域の最終処分場に処理できないごみがたまり続けている。

一方、循環の場合、し尿や生ごみを処理ではなく循環利用することで、外部から購入していた肥料が減少する。また地産地消を積極的に展開することで、外部からの食品の購入も減少する。

大木町のメタンプラントは大型焼却炉などと比較して仕組みがシンプルであるため、施設費用も安く環境課職員による修理、運転が可能である。*

 ＊くるるんは本来、構造がシンプルなメタン発酵施設だが、処理施設として建設したために、（液肥製造装置としては）多少過剰な設備となっている。液肥製造装置として見直すことで、もっと安価で、職員による運転、修理ができる施設になる可能性がある。

循環利用へと転換することで、生ごみやし尿を処理するよりも処理費用は大幅に削減するだけでなく、液肥による肥料の自給、農産物の地場消費、地産地消レストラン・直売所などでの雇用の増加など、地域のなかでお金が回る仕組みになっている。

こうした地域内でのお金の循環、雇用をつくりだしているのが、社会変換業務である。

なお本稿では、ごみ焼却やし尿処理事業を否定しているのではない。地域の衛生管理という意味では重要な役割を果たしてきた事業である。しかし、これらは短期的には有効な事業ではあるが、長期的には地域の物質循環、経済循環を破壊するという側面を有していた。

それゆえ、大木町の循環の取り組みは、物質循環のみならず地域経済の循環・回復も同時に実現したのである。

「使い捨て」「地域からのお金と仕事の流出」という地域社会のあり方を、着実に「循環」「地域内でのお金と仕事の循環」という地域社会へと転換させたのが、行政職員による社会変換業務であった。環境課職員の社会変換業務は社会「変革」業務であった。

3　循環事業の課題と展望

（1）農業振興施設としての評価

　生ごみ堆肥化施設，し尿処理施設は，その臭気などから「迷惑施設」として位置づけられている。周辺住民の反対のために，山奥などに建設される場合が多い。くるるんは，メタン発酵という施設の構造上，臭気が漏れにくい。さらに，生ごみやし尿の搬入時における臭気対策も十分であるため，隣にレストランを併設しても，まったく問題ではない。「迷惑施設」を「農業振興施設」に転換したことも，くるるんの大きな業績である。

　くるるんが生ごみ処理，し尿処理施設だけではなく，農業振興のための施設であることはいうまでもない。

　生ごみやし尿を液肥に変換し，農家に安価に供給する。液肥を受け取りに来た農家は無償で液肥を得ることができる。また，その農産物を学校給食やレストランで利用する。直売所でも販売される。まさに，地域の農家のための施設である。

（2）循環センターの新たな視点と費用対効果

　循環センターの意義をさらに検討する。

　2011年3月の東日本大震災で，地域の防災に対する関心は大きく高まった。エネルギー自立性，食料自立性という視点から，くるるんを避難施設として見ることもできる。

　くるるんは，直売所，レストランがあることで避難民に食糧供給の役割を果たすことができる。また，現状でもメタン発酵施設のため発生したメタンガスで発電も行っている。くるるんの場合は，写真8-1のように風力発電機なども設置しているが，太陽光発電などをさらに強化することでエネルギー自立型の施設にもなりうる。また，井戸などを完備することで，災害で電力，ガス，水道の供給がとまっても，自立型の施設として避難所として機能できる。

地域に不可欠な災害時の避難施設としても運用可能であるということで，循環施設の価値は高まると考える。

次に，かなり大雑把ではあるが，くるるんの循環事業の評価を試みる。

従来の処理事業ではコスト A によって，効果 B（生ごみ処理，し尿処理）があった。

循環事業ではコスト A は減少しコスト A' となった。また，事業効果も効果 B'（生ごみ処理，し尿処理，液肥の供給，農業振興）と増えた。

コストが減少し，効果が増えている。税金を使う行政の事業展開としては理想的なものといえるであろう。

今後，ごみ焼却場やし尿処理ではなく，くるるんのような循環施設の建設が拡大するであろう。

（4）循環型の地域モデルの展開

九州地域にはおよそ1300万人の人が暮らして経済活動を行っているが，これは世界の25位以内の国に相当する経済規模である。

この九州地域で世界に先駆けて生ごみとし尿と畜産糞尿の循環利用を展開すれば，焼却炉は半減でき，多くのし尿処理場も不要になる。九州の農地の半分以上で化学肥料が不要になる。

さらに，九州地域だけを特区として EPR（拡大生産者責任）やデポジット（預かり金制度）を導入し，容器包装だけでなく廃電気製品，廃車などを企業の責任で回収することにすれば自治体の扱うごみ，リサイクル事業の対象は大幅に減少する。

EPR やデポジットを導入したからといってメーカーの売り上げが減るわけではない。メーカーの作り方，売り方を少し変えればいいだけだ。日本全国で一斉に取り組むのが困難というのであれば，九州だけ特区で先に取り組んでみればいい。九州の試みは，日本だけでなく，世界の環境マーケットが注目するだろう。

EPR やデポジットが導入されれば，自治体が責任をもって処理すべきもの

は，生ごみと，わずかなごみ，し尿，合併浄化槽の汚泥である。生ごみ，し尿，浄化槽汚泥は液肥として水田や農地で循環利用することで処理コストも半額以下になり農家もほぼ無料の肥料を利用することができ，有機農業につながる。

　ごみ処理ではなく，循環で地域にお金と仕事を取り戻す。ごみ処理費用に使っていた税金は，医療や福祉，町づくりにまわす。
　従来の「環境保護」から一歩踏み出して，循環によって地域の未来像を描くことが，これからの環境問題解決のための手法になるのではないだろうか。

参考文献
中村修・遠藤はる奈『成功する！　生ごみ資源化』農文協，2011年。
　　本稿の関連論文を長崎大学 NAOSITE にて PDF でダウンロードできる。無料で読めて，本書の内容を詳細に理解することができる。「NAOSITE」で「中村修」で検索すれば以下の論文の PDF がでてくる。
遠藤はる奈・和田真理・西俣先子・小泉桂子・中村修「地方自治体における生ごみ資源化状況に関する全国調査」『長崎大学総合環境研究』第13巻第2号，27-33頁，2011年。
遠藤はる奈・中村修・田村啓二「福岡県築上町におけるし尿液肥化事業について」『長崎大学総合環境研究』第13巻第1号，43-49頁，2010年。
中村修・佐藤剛史・田中宗浩「循環型社会形成に向けた有機液肥の水田利用の可能性」『長崎大学総合環境研究』第7巻第1号，13-24頁，2005年。
中村修・田中宗浩「適材適所の環境技術」『長崎大学総合環境研究』第6巻第1号，81-88頁，2003年。

　　　　　　　　　　　　　　　　　　　　　　　　　　　　（中村　修）

Ⅳ　地域と社会

第9章

社会問題と地域環境政策

　　　社会問題が生じたら，人々は政治と向き合う必要が出てくる場合
　　があるだろう。政治に意見を言ったり，あるいは自ら解決のために
　　動くかもしれない。問題解決のために社会運動を起こすかもしれな
　　い。本章では，社会学の観点から，自律的な政治参加と社会運動に
　　ついて，ドイツの事例を交えて検討していく。第1節では，人々が
　　行政に自律的に向き合う行動が，どのようにして把握されてきたか
　　について，社会学の理論的視点から整理する。第2節では，社会問
　　題に対して異議申し立てをする「社会運動」に関して，同じく社会
　　学の理論的視点から整理する。第3節では，行政が提示した環境政
　　策に対する市民の異議申し立て運動について，ドイツの保守的な地
　　域の事例を取り上げてみていく。「保守の牙城」とされるバーデ
　　ン・ヴュルテンベルク州においては，市民が立ち上がったことによ
　　り，環境政党と呼ばれる「緑の党」が躍進することができたのであ
　　る。

1　社会問題と公共圏

　社会問題が生じた際の市民参加にあたって，ドイツの社会学者ユルゲン・ハーバーマス（Jürgen Harbermas）の考えが参考になる。本章ではまず，地域環境政策をめぐり緑の党が躍進し，政権交代まで至った事例に触れる前に，人々が政権に異議申し立てをすることについての理論に関してみていくことにしよう。
　ハーバーマスは，市民が政治を批判的に議論する空間を「公共圏」と呼んだ。日本には「公共性」という考え方はあるが「公共的任務」などを意味しており，政治を批判的に議論するという意味は必ずしも含んでいない。ハーバーマスは公共圏の原型として，18世紀から19世紀初期のイギリスにおけるコーヒーハウ

ス，フランスにおける社交界のサロン，ドイツにおける読書サークルを挙げる。歴史を踏まえたハーバーマスの公共圏に関する論考は，市民が政治を批判的に議論する空間についての視点を提供してくれる。

　18世紀から政治を批判的に議論する空間があったとされるドイツにおいて，20世紀初頭にアドルフ・ヒトラー（Adolf Hitler）が独裁政治をすることが可能だったのはなぜだろうか。多くの人々は政治を批判的に議論するどころか，ヒトラーを強い指導者として尊敬し，服従した。ハーバーマスの考え方では，大量生産の導入により，政治を批判的に論じることが必ずしもできない大衆が登場し，ヒトラーの扇動に操作されてしまった。

　公共圏を議論している著書『公共圏の構造転換』初版（1962年）において，ハーバーマスは，ドイツにおける独裁政治の歴史から，公共圏の将来に悲観的な見通しを示していた。しかし，『公共圏の構造転換』改訂版（1990年）では，悲観的な見通しが修正され，「教育革命」に期待が寄せられた。「教育革命」とは，多くの人々が教育機会を得ることを指す。第2次世界大戦後，特に先進国で高等教育を受ける機会が飛躍的に増えたことで，ヒトラーのような扇動者にまどわされずに，市民の自律的な政治参加よって民主主義が実現されることにハーバーマスは期待を寄せた。彼の「公共圏」に関する研究は，社会問題に直面した際に，市民参加による政治のあり方のモデルとして，さまざまな研究で参考にされている。

　市民参加にあたって，ハーバーマスの「コミュニケーション的合理性」という考え方も，意義ある視点を提供してくれる。ヒトラーが大衆を一方的に扇動し，大衆がヒトラーに操作された体験から，研究者のなかには，「言語」や「理性」に信頼を寄せることができずに，「語ること」を断念した者も存在した。その一方で，ハーバーマスは，新たな理性の可能性を模索する。彼は，これまでの理性に関する論考が，いわば科学的合理性の観点から考察したことに問題点があると批判する。

　ハーバーマスは，「コミュニケーション」の視点も交えて理性について考える必要性を主張する。「誠実性」（コミュニケーションを誠実にしているか），

「真理性」(コミュニケーションを真理に基づいてしているか),「正当性」(コミュニケーションを規範的に正当なやり方でしているか) という3つの妥当要求を満たしたコミュニケーションが「理想的」であると考えるのである。

もちろん,3つの妥当要求を満たした理想的なコミュニケーションについてはさまざまな批判がよせられている。しかし,ハーバーマスの「コミュニケーション」をめぐる考え方は,市民が議論を通じて自律的に政治に参加し,地域問題を解決していくにあたっての手がかりを示しているといえるだろう。技術的な視点からのみ検討するだけではなく,コミュニケーションを交えて,多くの人の意見を取り入れることが目的達成には必要な場合がある。

市民参加のための「議論」や「コミュニケーション」といったハーバーマスの理論的考察は,市民運動をめぐる事例研究で用いられてきており,有効な視点を提供してくれる。さらにハーバーマスは,市民による社会変革のために,「新しい社会運動」についても言及している。「新しい社会運動」について理解するために,次節では社会運動論を整理してみていくことにしよう。

2　社会問題と社会運動

(1) 緑の党の登場

「新しい社会運動」の代表例としては,ドイツ緑の党が有名である。環境政党としても有名な緑の党は,1980年代初頭にドイツで登場したオルタナティブ政党であり,ノーネクタイ,ローテーション制など既存の政党とは一線を画し,「脱政党的政党」として登場した。「緑の党」は「Die Grünen」の意訳であり,直訳すれば「緑の人々」である。あえて政党という名称を使っていないのであるが,日本人にとってわかりにくいために,「緑の党」と意訳されている。議会のなかでのノーネクタイは,登場当時は多くの人の注目を浴びた。ローテーション制は,世襲議員などが市民感覚から離れてしまう傾向にあることを改善するために打ち出された制度で,国会議員(連邦議会)の任期4年のうち,後半2年は秘書など他の人と議員を交代する(この制度は,議員の専門性

を損ねるとして現在では原則として取りやめられている)。

　登場当時の緑の党の支持者は，多彩である。環境，左翼，フェミニズム，社会の少数者の人権（サブカルチャーやマイノリティの尊重）といった社会問題に携わる人々が一緒になって緑の党を組織した。「新しい価値観」（たとえば脱物質主義）や「新しい役者」といった観点から緑の党の誕生が論じられているように，脱物質主義的な価値を志向したインテリ青年やよそ者が，女性運動や平和運動など他の社会運動と結びついて緑の党を結成したと理解されてきたといえる。なお，「脱物質主義」は，金銭的安定性よりも言論の自由や生活の質を重視する志向性である（Inglehart, 1977＝1978, 30頁）。脱物質主義は，豊かな家庭で育った方が，社会問題に異議申し立てをする余裕があるということも含意している。

　以上のように，「新しい社会運動」では，運動の担い手として，女性や若者などさまざまな人を想定していた。また前述のように，対象とする問題もさまざまであり，これらの点が「新しい」とされたわけであるが，では何と比較して新しいのか次節でみていくことにしよう。

(2) 伝統的社会運動論

　「新しい社会運動」が登場する以前の社会運動論は，たとえばマルクス主義によるものや集合行動論があった。マルクス主義は社会運動を，労働者による運動として把握する。資本主義社会にあっては労働者と資本家の間に対立が生じ，労働者が資本主義を打倒するために運動を起こすというのである。労働者の運動こそが社会運動であって，資本家および資本主義社会の打倒が運動の目的と考えられていた。社会運動論の歴史を整理しているニック・クロスリー（Nick Crossley）は，社会はもはやカール・マルクス（Karl Marx）が描いたようなモデルには従っていないとして，マルクス主義による社会運動論を伝統的社会運動論に位置づけるのである（Crossley, 2002＝2011, 256頁）。

　数ある集合行動論の主なものは，社会運動が人々の不満や，群集心理によって発生すると考える。しかし，不満や群集心理による運動の説明は，さまざ

な運動を非合理的な群集心理に還元してしまう可能性があるという批判がある。この点で，伝統的な社会運動論というカテゴリーにくくられてしまうが，運動に「不満」はつきものである。集合行動論は，後述するように今日的展開を遂げ，社会運動の事例分析でも用いられている。

　集合行動論でとくに触れる必要があるのは，スメルサー（Neil J. Smelser）の「価値付加モデル」である。「価値付加」とは，次の6つの要因が付加的な仕方で結びついていくことで，社会運動が引き起こされるという考え方を表している。具体的に6つの要因とは，「構造的誘発性」（社会問題が生じやすい社会の状況），「構造的ストレーン」（行為者が社会問題を体験すること），「一般化された信念の生成」（運動を起こすための動機が生じること），「きっかけ要因」（引き金となるイベント），「動員」（運動ための組織化），「社会統制の作動」（警察やメディアなど社会統制の担い手が当該問題の解決に動くと同時に運動側がこの動きに反応する可能性）である。

　価値付加モデルの問題点について簡潔に触れるとすれば，たとえば動員についての言及が少ないといったことや，「行為者の動機」と「環境規定因」を6要因のなかに混在させているといった点が挙げられる。

　社会運動論の歴史を整理しているクロスリーは1970年で時代を区切っているが，社会運動論の歴史を把握する一つの努力として理解しておくことにしよう。今日も，伝統的社会運動論が意義をもつ場合もあるからだ。次節では，1970年で区切る理由を含め，1970年以降の社会運動論，とくに「新しい社会運動」と「資源動員論」についてみていくことにしよう。

（3）新しい社会運動

　クロスリーのまとめによれば，「新しい社会運動」は，1970年代以降の新しいパラダイムの一つに位置づけられる。さらにいえば，「新しい社会運動」といっても，すでに登場から50年近く経過しており，「新しい社会運動論」も今日ではさらなる展開を遂げている。新たな展開については後述するとして，1970年で区切られる理由について触れておく必要があるだろう。1970年代で時

代を区切っているのは，60年代にさまざまな異議申し立て運動が生じたことが挙げられる。

ソ連や東ドイツなど，ヨーロッパで注目されてきたマルクス主義による社会運動の説明は，確かに1970年頃までは有効な側面もあったかもしれない。しかし，先進諸国における市民の富裕化や東西冷戦崩壊の兆しは，労働者対資本家といった対立を過去のもにのしつつあった。それ以上に，ベトナム戦争（1960〜1975年）や女性の権利，環境問題などの社会問題のほうが重要な問題となってきた。これらの社会問題に対する社会運動は，階級闘争のために参加する労働者ばかりではなく，環境問題などの社会問題解決のために参加する一般市民が多く見られるようになった。新しい社会運動では，運動の担い手や社会問題に対する変革志向性に着目する。

社会問題に対する変革志向性という点で，社会の変革の期待を寄せるマルクス主義と共通点がまったくないわけではない。クロスリーは，「新しい社会運動」という発想を，「ポスト・マルクス主義」の発想とする（Crossley, 2002＝2011, 26頁）。しかし同時に，新しい社会運動の理論家は，労働者階級が一つの鍵となるとなる変革の担い手であるという発想を拒否している（Crossley, 2002＝2011, 256頁）。マルクス主義社会理論では，労働者が運動の担い手であったが，新しい社会運動では，労働運動とはこれまで無縁だった若者（たとえばパンク）や女性などマルクス主義の社会運動論では想定されていなかった人々が運動に参加する点で新しいといえるだろう。その代表的な例の一つが緑の党である。

（4）資源動員論

資源動員論は，社会運動を起こす人々が，ネットワークや動員人数などの資源を合理的に考慮し，運動を進めるという点に着目した理論である。社会運動は，「集合行動論」が描いたように，群集の非合理的な心理状態で生起するのではないという考えから生み出された。

資源動員論の考え方には，「人々が状況を合理的に判断し，行為する」とい

う合理的行為理論が影響している。合理的に状況を判断したのにもかかわらず，悲劇が起きてしまうことを「囚人のジレンマ」では描いているが，囚人のジレンマ論は個々人の情報が共有できない環境での出来事である。社会運動参加者は，目標達成のために合理的に情報を入手し，参加者を合理的に動員することは十分考えられる。資源動員論は，運動の際に投入される情報や参加者などの外部資源に注目する。

（5）社会運動論の今日的展開

　これまでも触れたように，資源動員論も，新しい社会運動も，1970年頃から注目されてきており，登場以来長い月日が経過しており，近年の社会運動論の展開を見ておく必要がある。

　資源動員論にせよ，新しい社会運動論にせよ，問題点として指摘されたのが，アイデンティティや文化についての注目が不十分だということである。このため，アイデンティティや文化を社会運動論に組み込む試みとして，「フレーム」といった視点が近年とくに注目されている。「フレーム」は，「個人にその生活空間や社会のなかで起こった諸現象を位置づけ，知覚し，識別し，ラベルづけすることを可能にする解釈図式」とされる（Snow et al., 1986, p. 464）。

　たとえば，「杜の都仙台」という環境と関連する地域文化は，環境保護に対する運動のフレームとなり得るかもしれない。また，平和都市長崎は，世界でただ二つの被爆都市ということで，平和運動のフレームとなり得るだろう。2011年長崎原爆忌（8月9日）の平和宣言では，福島原発事故を受けて，自然エネルギー転換を求める内容となった。この点については今後も注目していく必要があるが，平和都市長崎というフレームと，自然エネルギー転換は，一定の「共鳴性」があるといえる可能性がある。「共鳴性」とは，フレームに類似点があると共鳴し，受け手が動員されるというスノーの考え方である。運動の素地があると，何か問題が生じたときに運動が展開しやすい可能性があることを，スノーらは「共鳴性」といった視点で論じている。

　近年の社会運動論の傾向について，クロスリーは第3のパラダイムと呼ぶ

第9章 社会問題と地域環境政策

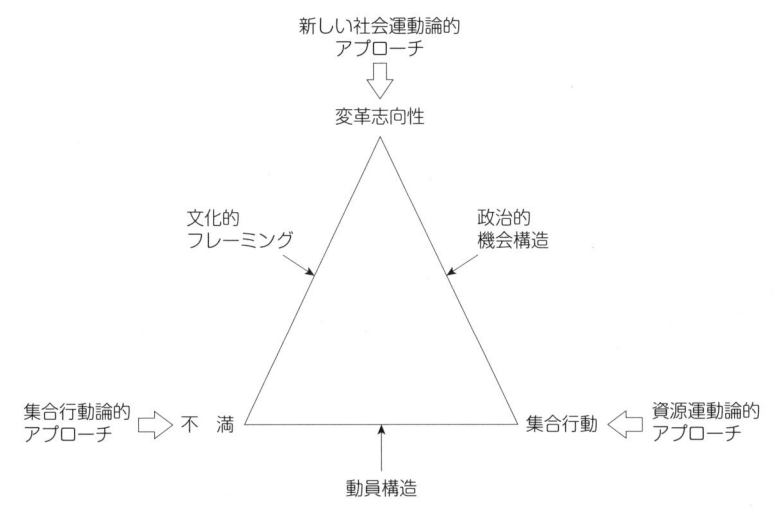

```
                新しい社会運動論的
                   アプローチ
                     ⇩
                  変革志向性
                     △
          文化的  ╱   ╲  政治的
         フレーミング      機会構造
              ╱        ╲
             ╱          ╲
  集合行動論的           集合行動  資源動員論的
  アプローチ ⇒ 不満 ─────────── ⇐ アプローチ
                  ↑
               動員構造
```

図9-1 社会運動分析の三角形

(出所) 長谷川 (2003, 77頁)。

(Crossley, 2002＝2011, 29頁)。クロスリーによる整理を理解する上で注意する必要があるのは、たとえば「集合行動論」を伝統的社会運動論として、過去のものと切り詰めてしまわないことである。社会運動を行うには、集合行動論の「不満」といった視点も有効な場合がある。また、前述のようにクロスリーは、「新しい社会運動」を「ポスト・マルクス主義」と位置づけており、「新しい社会運動」を理解する上で、マルクス主義社会運動論が無関係というわけではないのである。

さて、クロスリーが第3のパラダイムと呼ぶ流れについては、日本の社会学でも注目されている。たとえば長谷川公一は1990年代から、集合行動論、新しい社会運動論、資源動員論のあいだに、総合的な説明への指向性が高まっていると指摘している（長谷川, 2003, 76頁）。そして、総合的な説明を「社会運動分析の三角形」として図示しているが、総合的な説明に必要なキーワードとして、文化的フレーミング、政治的機会構造、そして動員構造の3つを挙げている（図9-1参照）。

文化的フレーミングは、参加者の動機づけを説明する分析枠組みであり、集

合行動論が着目してきた「不満」と新しい社会運動論が着目してきた「変革志向性」を媒介して説明するのに用いられる。政治的機会構造論は,「変革志向性」と,資源動員論が着目してきた「集合行為」を媒介して説明するのに用いられる。動員構造は「集合行為」と「不満」を媒介して説明するのに用いられ,どのような資源がどのような条件のもと動員可能かに注目する。日本における近年の環境運動分析は,文化的フレーミング,政治的機会構造,そして動員構造といった3つの視点からなされることが多い。

次節では,実際に開発をめぐって対立した環境政策の事例を分析することにしよう。

3　保守的な地域における環境運動

これまで,地域問題が生じた際に,市民による自律的な政治参加や,異議を申し立てる運動についての分析視点を,社会学の立場からまとめてきた。以下,実際に「新しい社会運動」のひとつである緑の党の例を用いてみていくことにしよう。

ドイツの港町ハンブルクは,たとえば税金などの徴収をハンブルクが独自に決められる自由都市として,長く自治権が認められてきた。ハンブルクはまた,船荷を扱う「ハンザ同盟」の港町として,船荷を扱う労働者が多く働いてきた歴史がある。自治の気風や歴史ある労働組合といった地域的特徴から,ハンブルクは,革新的な都市と評価されてきた。ハンブルクで生じる労働運動や,オールタナティブ運動には,ハンブルクの地域文化をフレームとして参加している人もいるだろう。そしてハンブルクにおいて行政が提示した環境政策に対する環境運動が生じるのは,革新的な都市ということで,オールタナティブ運動に慣れ親しみがあるという「共鳴性」の観点が有効であろう。

ハンブルクのように社会運動が歴史的に盛んだったり,オールタナティブ運動のフレームとなる地域文化があったりするところで,社会運動が展開するのは理解しうるが,それでは社会運動とは無縁のような地域で運動が生じた例は

ないのだろうか。

　「保守の牙城」と呼ばれる　バーデン・ヴュルテンベルク州（人口約1000万；以下BW州と略）において，オールタナティブ政党といわれる緑の党からドイツではじめて州首相を2011年3月27日選挙の議席に基づき選出することになった。BW州は旧西ドイツの豊かな州で，ダイムラー社，ポルシェ社などが本社を置いている。BW州は1952年，ヴュルテンベルク州（シュツットガルトなど），バーデン州（フライブルクなど），ホーヘンツォルレン州（シグマリンゲンなど）が合併してできた。このうち，シュツットガルトを中心とした地域を，シュヴァーベン地方という。

　BW州の緑の党は，確かにこれまで注目される存在であったが，実際には保守的な政党といわれるCDU（キリスト教民主同盟）が戦後一貫して政権を担ってきており，「保守の牙城」として有名な州である。保守的な政党とされるCDUが戦後一貫して政権を担当し，「保守の牙城」とされてきた。ドイツの州で政権交代がこれまでなかったのはBW州だけである。その保守の牙城で，SPD（社会民主党）との連立政権ではあるものの，ドイツではじめて緑の党出身の首相が誕生したのである。BW州で，ドイツ発の緑の党出身の州首相が誕生したというのは，一見すると，福島原発の影響があるように思われる。実際，脱原発を掲げる緑の党が躍進した一因に，福島原発の影響があることは確かである。しかし，同日行われたラインラント・プファルツ州の選挙では，緑の党の得票率は16.8％である（BW州は24.2％）。BW州における戦後初の政権交代およびドイツ初の緑の党州首相の誕生は，州都シュツットガルトにおけるS21反対運動を取り上げる必要がある。

　1994年から計画されている「シュツットガルト21」（S21）は，シュツットガルトの中央駅大規模開発をめざしている。

　S21の主な目的は，第1に中央駅ホームの地下化，第2に高速鉄道化，第3に駅周辺の空き地開発である。第1の地下化については，中央駅がヨーロッパの駅に特徴的な終着型（端頭式ホーム）であり，速達性の観点から地下に通過型の駅を作ることが計画されている。第1から第3の工事により，BW州の交

通網整備と産業発展が期待されている。

　特に賛成派が主張する点は，線路の地下化が「風の道」に配慮した都市計画であるという点がある。シュツットガルトで「風の道」に留意した開発が行われてきたのは，同地が盆地であり，夏に熱がこもりやすいためである。賛成派は，駅に向かって線路が集中している上に，一部高架であるため風の流れが遮断されていることから，現状の改善には線路の地下化しかないと主張している。S21 では，線路の地下化による新たな緑地帯を，「緑の肺（die grüne Lunge）」と呼んでいる。「風の道」の改善を含めた総合的交通体系の改善が S21 計画ではめざされていた。

　しかしながら，1920年代に建設された駅舎の一部や駅周辺の公園をホーム地下化工事の際に破壊する点や，4000億円（賛成派試算；原案は3000億円）とも１兆円（反対派試算）ともいわれる S21 の予算が問題となっている。環境破壊や予算の増加などから，市民の多くが S21 に反対している（Stern 社調査2010年８月では67％が反対）。「風の道」についても，すでに駅右側の宮廷公園が自然の緑地帯を形成して「風の道」として成り立っており，おり，S21 はかえってこの緑地帯を破壊すると反対派は考えた。

　S21 反対運動の最初期である1998年は，ILS（STR における主体的生活），BUND（ドイツ環境自然保護連盟），VCD（ドイツ交通クラブ）の３団体が参加していたが，2007年に緑の党と PRO BAHN（鉄道利用促進団体）が加わり，これら５団体が主導的役割を果たしてきた。特に緑の党は議会で交渉の役割を担っている。2009年からは，さらに７つの団体が加盟し，S21 反対運動は10団体によって進められることになる。

　S21 反対運動を背景とした緑の党の躍進については，緑の党研究でも用いられてきた「新しい社会運動」という視点を用いることができるかもしれない。実際，シュツットガルト市民の４割は非シュヴァーベン出身のよそ者（保守的な地域ではマイノリティ的な存在といえるだろう）であり，この点を強調しS21 反対運動を「新しい社会運動」とする反対運動関係者もいた。しかし，S21 には，前述のようにシュツットガルト市民の７割近くが反対しており，女

性の社会進出で意見を異にする元 CDU 支持者の保守的な市民も運動に参加しているのである（CDU は女性の社会進出には必ずしも前向きではない政党である）。

　保守の牙城とされるシュヴァーベン地方で，S21 を契機とし保守層も参加した反対運動が展開されたのはなぜなのだろうか。筆者が，運動関係者にインタビューを試みる際に，次のような語りかけがあった。「世界には S ではじまるケチで有名な 2 つの民族がある。シュヴァーベン人とスコットランド人だ」。シュヴァーベン人がケチという点については，シュヴァーベン出身の運動関係者の多くが言及した。

　シュヴァーベン地方の特徴は，「根気よく取り組み発明する」（Tüftler の精神）ということわざで表されている。このことわざでは，節約に励み根気強く取り組み発明をし，資源のない同地方において生き抜くというシュヴァーベン人気質を示している。

　インタビューで明らかになったことは，多くの運動関係者にとって S21 には無意味な工事が多いということである。たとえば近距離交通の視点からは，地下ホームの乗り換えは地上ホームより時間がかかり，数分の速達化ではむしろ不便になる可能性もある。シュヴァーベン出身の人にとって，自分たちが払った税金は，高速鉄道化で滅多に行かない遠隔地まで早く着くことに使われるよりも，市内交通網の拡充にこそ使われるべきなのである。多くのシュヴァーベン出身の関係者にとって，補助金よりも地元負担が重要な論点なのであった。

　Tüftler という精神は，CDU の政策に協力し，異議申し立てのためよりは発展のために役にたってきた。戦後の BW 州の政権与党は長らく CDU であり，この政治体制のもとでドイツ随一の豊かな工業州となった。しかし S21 反対運動では，Tüftler という地域的精神がフレームとなっている。産業発展に貢献してきた地域的精神が，補助金よりも節約という反対運動のフレームとなり，環境保護に結果として貢献した。

　市民の 4 割が非シュヴァーベン出身のよそ者という視点に限定するとすれば，州都におけるよそ者の「新しい社会運動」という位置づけも有効かもしれない。

しかし，保守的なシュヴァーベン出身の人々が積極的にならなければ，CDU政権からよそ者を中心とした反対運動として扱われ，運動に対する弾圧が激しくなったかもしれない。しかし，保守的な市民も含め，S21反対運動に参加したことが，100週を超えるデモや10万人をこえる大規模デモを可能にした。そして緑の党の躍進につながったのである。Tüftlerという精神がフレームとなり，さまざまな人がまとまることができた。「新しい社会運動」の担い手や緑の党の人々はもちろん，現状の駅や公園を守る環境保護に賛成である。そして地元の保守的な市民も革新的な市民も，Tüftlerという精神からまとまって，節約のために大規模駅開発に反対した。「風の道」をめぐる環境政策で市民は分裂した。しかし，これまで保守的な地域の産業を支えてきたTüftlerという地域的精神がフレームとなり，S21反対運動は緑の党の躍進へとつながったのである。

　さて，社会運動の分析には「フレーム」だけに言及するのでは不十分である。前述のように，政治的機会構造と，動員構造に触れる必要がある。政治的機会について言及するとすれば，これまで触れてきたように選挙である。政治的機会構造については，たとえば大統領の性格，市会議員選挙のやり方などがある。社会運動がやりやすい政治的な構造があるかどうかという点に着目するといってよい。たとえば，市会議員選挙の機会が多かったり，投票所の開設時間が長ければ，市民の多くが投票の機会に恵まれる。ある開発に反対する市民運動が，多くの投票機会を得て，開発賛成派の議員を落選させることができれば，開発阻止の可能性が高まる。反対を表明する市民に投票の都合がいいかどうかは，反対運動の展開を大きく左右するといってよいだろう。政治的機会構造論は，このように，市会議員選挙のやり方など，社会運動の政治的な機会の構造に着目する。

　S21反対運動の場合，シュツットガルト市議会選挙が2009年7月に，州議会選挙が2011年3月に設定されており，着工されてからは州選挙での勝利が目標であった。動員構造については，州議会で唯一の反対政党である緑の党が重要な役割を果たしていたことに触れる必要がある。緑の党が議会の情報を各団体

に伝達し，反対派各団体のネットワークを用いて動員がなされた。

　確かに，政治的機会構造の一つである選挙は，S21反対運動では反対派が支持する緑の党の躍進を体感できる機会であり，運動の進展には重要であった。しかし，S21反対運動の場合，もっとも重要なのはフレームであると筆者は考えている。保守的な地域文化を生かしたからこそ，保守的な市民と，新しい社会運動で論じられる市民が共に一緒になって，運動を継続的になし得ることができたのである。そしてこのことがドイツで初めての緑の党出身の州首相の選出につながり，中央駅開発に対しストレステストなどの実施をすることが可能になったのである。2011年11月27日にはBW州で初めて州民投票が実施された。S21中止賛成に41.2％，中止反対に58.8％という結果から，州レベルの緑の党は反対運動団体から脱退した。連立パートナーのSPDはS21に賛成であり，S21計画は進んでいる。しかし，シュツットガルト盆地内では中止賛成が多く，緑の党市議会団は，反対運動団体に残っている。

　今後，S21反対運動がどのような展開をするかは，さらに着目していく必要があるが，少なくともドイツ随一の「保守の牙城」で，緑の党から州首相を選出することができたのは，歴史に残る出来事である。

参考文献

仲井斌『緑の党――その実験と展望』岩波書店，1986年。
西城戸誠『抗いの条件――社会運動の文化的アプローチ』人文書院，2008年。
長谷川公一『環境運動と新しい公共圏――環境社会学のパースペクティブ』，有斐閣，2003年。
保坂稔「大規模駅開発「シュツットガルト21」反対運動のフレーム」『環境社会学研究』17，環境社会学会，2011年。
丸山仁「社会運動から政党へ？――ドイツ緑の党の成果とジレンマ」大畑裕嗣他編『社会運動の社会学』有斐閣，2004年。
Crossley, N., *Making Sense of Social Movements*, Open University Press, 2002.（西原和久・郭基煥・阿部純一郎訳『社会運動とは何か――理論の源流から反グローバリズム運動まで』新泉社，2011年。）
Habermas, J., *Strukturwandel der Öffentlichkeit*, Schrkamp Verlag, 1962→1990.（細谷貞

雄・山田正行訳『公共性の構造転換』未来社, 1994年。)

Habermas, J., *Theorie des kommunikativen Handelns*, Bde. 1-2, Suhrkamp Verlag, Ffm, 1981 (河上倫逸・M. フーブリフト・平井俊彦他訳『コミュニケイション的行為の理論』(上・中・下), 未来社, 1985-1987年。)

Inglehart, R., *The Silent Revolution : Changeng Values and Political Styles Among WesternPublics*. Princeton University Press, 1977. (三宅一郎他訳『静かなる革命』東洋経済新報社, 1978年。)

McAdam, D., McCarthy, D. J., Zald, M. N., *Comparative Perspectives on Social Movements : Political Opportunities, Mobilizing Structures, and Cultural*, Cambridge University Press, 1996.

Snow, D. A., Benford, R. D., "Ideology Frame Resonance and Participation Mobilization," *International Social Movement Research*, 1: 197-217, 1988.

Snow, D. A., Rochford, E. B. Jr., and Benford, R. D. "Frame Alignment Processes, Micromobilization, and Movement Participation," *American Sociological Review* 51 : 464-481, 1986.

(保坂　稔)

第10章
地域環境問題と地域計画

　　　　地球上の全人口の大半は，都市で日々の生活を営んでいる。多く
　　　の環境問題が人間活動に由来するものである以上，都市は日々の生
　　　活を営む場であるとともに，環境問題の解決が求められる最前線と
　　　もいえる。
　　　　こうした環境問題の解決に有効とされるツールの一つに，「地域
　　　計画」がある。地域計画は，19世紀末の産業革命によって悪化した
　　　都市の衛生環境を改善するために誕生した。社会の世相が色濃く投
　　　影される地域計画では，環境問題や持続可能性が社会のキーワード
　　　となるなか，ターゲットを環境問題の解決に定め，さまざまな取り
　　　組みが実施されつつある。
　　　　本章では，まず戦後の社会情勢の変動による都市空間の変ぼうを
　　　説明し，そうした変ぼうによって生じた環境問題を論じる。次に先
　　　の環境問題の解決に寄与するとされる今後の日本の主要な都市像の
　　　一つとされるコンパクトシティを紹介する。そして最後には，コン
　　　パクトシティを実現するための方法を説明したい。

1　地域計画とは？

　多くの人は，身近にある街並み，道路，そして公園などがある計画のもとに
つくられていることに，とりたてて意識することなく日々を営んでいる。意識
されることが少ない主な理由には，多くの人が，計画が立てられ，それを受け
て道路や公園がつくられていることを知らないことが指摘できる。
　しかし実際には，私たちの身近にある空間のなかで，計画がまったく関わる
ことなく存在しているものは稀である。そうした計画の関わりを指し示す一例
として，図10-1に，長崎県長崎市の「都市計画総括図」と呼ばれる地図の一

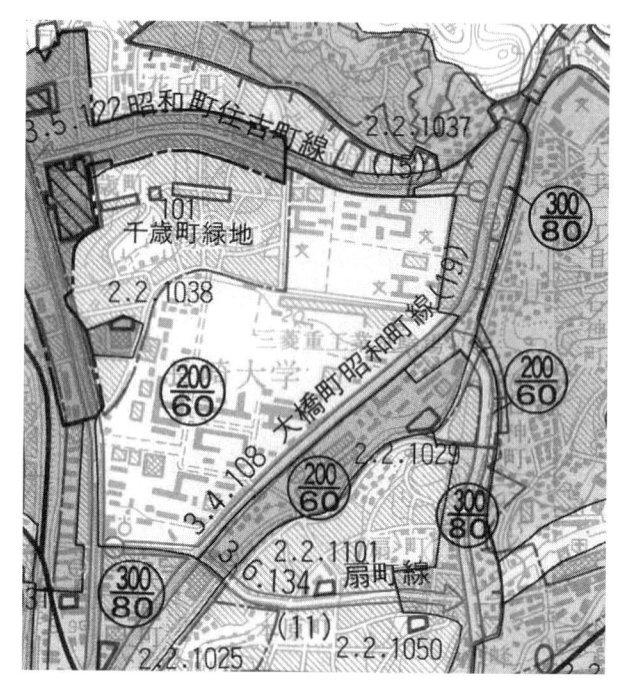

図10-1　都市計画総括図（長崎県長崎市）
（出所）　長崎市計画総括図その1。

部を示した。この地図の一部は、いくつかの色に塗り分けられていることが確認できるだろう。これは、色により建てられる建物の用途や階数などが異なることを意味している。このように設定されているルールは、たとえば、住宅地の静かな環境を維持するため騒音の原因となる多くの人が集まる商業系の建物の建築を禁じるなどを通じて、住みよい環境の形成に寄与しているのである。

　本章では、こうした地域を対象に、よりより環境を形成すべく、前段落で説明したようなさまざまな活動を行うことを地域計画と呼ぶこととする。一見すると地域計画は、地球温暖化、生物多様性の減少等といった、最近、話題とされる環境問題の解決に役立つとは思われないかもしれない。しかし、このような問題が発生した主要な要因は、我々の生活にある。すなわち、都市の拡大は、人々の移動総距離を増やしてエネルギー消費量を増大させた点から地球温暖化

に，緑地の消失により生息域を減少させた点から生物多様性の減少に関係しているといえよう。都市の拡大を抑える等の都市の成長管理を行うためにある地域計画は，人々の行動をコントロールして環境問題を発生させない地域を形成する点から，環境問題の解決に寄与しているといえる。実際に，わが国では，環境問題の解決に向けた計画に取り組む地域が現れている。

　さて，難しい問題を解くときのテクニックの一つとして，「問題を細かく分ける」という方法がある。難問の一つといえる地域計画の場合も，その例に洩れない。つまり，地域計画を立てるときには，計画をいくつかの構成要素に分けて，要素ごとに検討することが望ましい。地域計画を構成する要素のうち特に重要な要素としては，3つ（「対象」，「目的」，「手段」）が挙げられる。「対象」とは「計画を立てる必要があるとされているもの」，「目的」は「計画で実現したいこと」，「手段」は「目的を実現するための方法」のことである。本章の冒頭で述べた地域計画を説明した文章にある"地域"は対象に，"よりより環境を形成"は目的に，"さまざまな活動を行う"は手段にあたるものだといえるだろう。

　本章の本節以下では，地方都市（例：長崎市等）を対象とした地域計画を念頭に置くなかで，まず第2節において，戦後の社会情勢の変動に伴う都市空間の変ぼうとそれによって生じた問題点を論じる。次いで第3節では，問題点の解決に寄与するとされている目的——今後の日本の都市像——を紹介したい。そして第4節では，第3節で説明した都市像の実現手段である主要な方法を説明する。

2　戦後の日本における都市空間の変ぼう

　計画を検討するためには，まず計画を立てる都市の範囲を決めなければいけない。都市の範囲を表す特徴として多くの人が思いつくものは，多人数が集まって住むことによって生じる高い人口密度であろう。人口密度から都市の範囲を表す指標としては，国勢調査による人口集中地区（DID：Densly Inhabited

148 Ⅳ　地域と社会

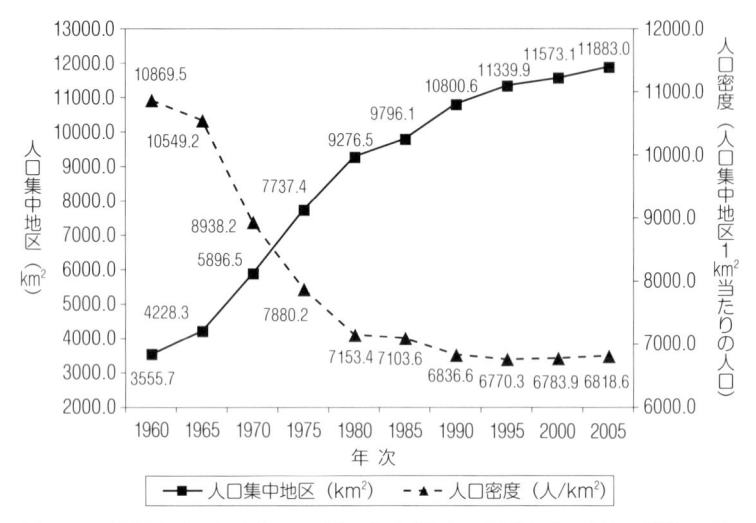

図10-2　全国市部における DID（人口集中地区）の面積と人口密度の推移（1960
　　　　-2000）
（出所）　国勢調査をもとに作成。

District) がある。*

　＊人口集中地区の基準は，国勢調査の調査区を単位として，調査区の人口密度が
　1 km^2 につき4000人以上あり，そのような調査区が互いに隣接して，その合計人口
　が5000人以上を達することと設定されている。

　図10-2は，都市の変ぼうを確認するために作成した図である。同図は，1960（昭和35）年から2005（平成17）年にかけての全国市部の人口集中地区の面積と人口集中地区内の人口密度の推移を表したものである。同図によると，1960年時における全国の DID 面積は3,865km^2 であり，人口密度は1 km^2 あたり1万563人であった。人口集中地区の面積は，1965から1980年にかけて，急激に増加した。それに対して，人口密度は減少している。1980年以降も，人口集中地区の面積は，それまでと比べて緩やかになったものの，依然として増加し続けている。一方，人口密度は，2000から2005年にかけて微増（6,784→6,819人/1 km^2）しているが，緩やかに減少しており，1965から1980年にかけての傾向と変わらない。

これら数値の動きに示されるように、戦後、日本の都市空間は、大きく変ぼうしたといえる。すなわち、かつて高密度にコンパクトにまとまっていた日本の都市空間は、現在、低密度に拡散した都市空間に変ぼうしたのである。

このように日本の都市空間が高密・コンパクトから低密・拡散型に変わった主な理由としては、第二次世界大戦後の都市部の急激な人口増加とともに、以下の3点が挙げられる。

① 乗用車の普及による移動可能な範囲の拡大

乗用車の世帯普及率は、1960年は2.8％だったのに対して、2004年は86.0％と大幅に上昇している。これは、乗用車が1960年代後半頃から「新・三種の神器」と呼ばれ、生活の質を向上させる消費財として購入されるようになったからと考えられる。こうした自家用車の所有は、道路整備の進展ともかさなり、人々が移動できる範囲を飛躍的に拡大させた。移動できる範囲の飛躍的な拡大は、都市の外縁部への居住を可能にさせることとなった。

② 供給される主要な住宅様式の変化による都市外縁部の住宅地の発生

戦後の住宅供給は、借家中心だった戦前とは異なり、持家が中心となった。持家が中心となった主な理由としては、所得水準の向上によって床面積の大きい住宅が求められたことに加えて、そうした意向に対応できる借家が少なかったことと、不十分な社会保障に代わって土地・家屋の資産価値が重視されたことなどが挙げられる。床面積の大きい住宅地を、開発コストを低く抑えて、低価格で販売するためには、地価が安い土地、すなわち中心部と比べて安価な地価である都市外縁部の土地を活用することになる。こうした住宅開発に対する意向と乗用車の普及による移動範囲の拡大は、公共交通機関が十分に整備されていない都市外縁部において低密な住宅地を発生させた。

③ ロードサイド型商業地の形成と中心市街地の商業地の衰退

主要な移動手段が乗用車であるため、商業施設には駐車場が設置される必要が生じた。都市外縁部には、広い駐車場を確保できる安価な土地がある。そこで移動に便利な都市外縁部の主要道路（バイパス）沿いには、大型駐車場が設置されたワンストップショッピングを可能にさせるショッピングセンター等の

大型商業施設が開発された。また，これらの周辺には，飲食店等の店舗が進入し，ロードサイド型商業地が形成された。それに対して駐車場が少なくかつ道路が狭く渋滞が発生しやすい中心市街地の商業地は，利用客が減少し，衰退している。このような中心市街地の商業地の衰退は，ロードサイド型商業地の成長を促した。

上記以外には，こうした都市外縁部の低密度な開発を十分にコントロールしきれなかった計画システムの不備も，その理由の一つに挙げられるだろう。

低密・拡散型の都市空間は，さまざまな問題を引き起こすことが指摘されている。主要な問題点としては，次の4点にまとめられる（辻本，2009）。

① 環境負荷の発生

低密・拡散型の市街地では，通勤・買い物等で自家用車を用いて移動する機会が増える。自家用車による移動機会の増大は，ガソリン消費量を増大させる。実際に，人口密度が低くなるほど人口一人当たりのガソリン消費量が高くなることが確認されている（辻本〔2009〕など）。ガソリン消費量の増大は，CO_2 や大気汚染物質の排出量を増大させ，環境に負荷をかける。また低密・拡散型の市街地の形成に伴う緑地の消失は，自然環境に大きな負荷をかけているといえる。京都議定書にみられるように環境負荷の削減が重要な政策課題となっているなか，こうした環境負荷の発生は，問題といえる。

② 有効活用されない都市空間の優良ストックの発生

衰退した既成市街地には，公共施設や歴史・文化資源等の長年にわたる都市形成のなかで築き上げてきた優良なストックが存在する。低密・拡散型の市街地は，道路・上下水道等の新たなインフラの整備を必要とさせる。優良資源の有効活用が図られない一方で，新たなインフラを整備することは，資源の有効活用が図られていない点において，問題である。

③ 交通弱者の発生

自家用車の利用者の増大は，電車・バス等の本数の減少や廃線など公共交通機関を衰退させる。公共交通機関の衰退は，交通弱者（高齢者や子どもといった自家用車を所有していないあるいは利用できない人々）が生活に必要な移動

（通学，買い物，病院への通院等）を困難にさせ，生活の質を低下させる。公共交通機関の衰退は，高齢者人口の増加による自動車を運転できない人口の増大が確実視されるなか，より深刻な問題を引き起こすことが考えられる。

④ 財政負担の増大

拡散した市街地における道路・公共施設の整備・管理に要する費用は，コンパクトな市街地と比べると，多くなる。そのことは，財政緊縮が必要とされる国や地方自治体に財政のさらなる負担を生じさせ，財政破綻を招きかねない。

このように低密・拡散型の都市空間は，地球温暖化・生物多様性といった環境問題のみならず，高齢化社会におけるわれわれの暮らしや国や地方自治体の財政運営に対しても深刻な悪影響を与えているといえる。それでは，こうした問題を発生させないために，どのような都市像が構想されるべきなのであろうか。

3 「環境の時代」における都市像

これらの問題を引き起こす低密・拡散型の都市空間に代わるものに関連して，近年，注目を集めている都市像が「コンパクトシティ」である。

この都市像の生成に大きく寄与したのは，表記からもわかるように欧州である。めざすべき都市像がコンパクトシティであるべきとの言及は，1990年，EC（欧州委員会）が出した「都市環境緑書（Green Paper on the Urban Environment）」にみられる。同文書では，コンパクトシティとの表現はみられないものの，コンパクトシティの特徴の一つといえる高密度で機能複合的な空間であった伝統的な欧州都市の再評価の重要性が説明されている。1992年にブラジルのリオ・デ・ジャネイロ市で開催された国連の地球サミット（環境と開発に関する国際連合会議）では，21世紀の持続可能な開発を実現させるための行動計画である「アジェンダ21（Agenda 21）」が策定された。同計画の策定を受けて，こうした考えを欧州各国の都市に浸透させるために，1994年に，サステイナブルシティキャンペーン（European Sustainable Cities & Towns Campaign）が

展開された。そのキャンペーンの一環として、デンマークのオールボーで、第1回サステイナブルシティ会議が開催され、その会議で「オールボー憲章(The Aalborg Charter)」が採択された。同憲章には、持続可能な土地利用と交通を実現させるために、地方自治体が計画の柱とすべきこと（例：自動車交通の必要性の減少等）が記載されている。こうした政策が実施されるなか、欧州の地方自治体では、コンパクトシティの実現に向けて、さまざまな取り組みが行われている。

わが国でも、一部の地方自治体においてコンパクトシティをめざした計画が立てられてきた。国レベルにおける最近の動向として、都市計画法の改正を検討している国土交通省の社会資本整備審議会都市計画部会では、2009年6月に多くの都市がめざすべき都市像として、「エコ・コンパクトシティ」を提起した報告書を発表している。同報告書では、エコ・コンパクトシティの形成に向けて、郊外の縮小整理、自動車依存型交通システムからの転換、都市内や都市周辺部の農地の活用、多様な主体が参加した決定の必要などが強調されている。

ところで、コンパクトシティとは、どのような特徴をもつ都市なのだろうか？コンパクトシティの基本的な特徴を、辻本（2009）は、「主要な都市機能を一定の地区に集積し、住宅、商業、業務等の都市的土地利用の郊外への外延を抑制して市街地の広がりを限定し、その市街地内について公共交通機関のネットワークを整備し、車に大きく依存しなくても生活できる都市」とまとめている。そうした言葉を空間に反映させたものとして、図10-3は、日本の各都市において検討されているコンパクトシティの空間構造を、その類似性に基づき、整理したものである。同図によると、その空間構造は、3タイプ（一極型、駅そば型、多極型）に分類されるとしている。

さて、このような特徴をもっているコンパクトシティを実現させるためには、どのような方法をとることが望ましいのか？　次節では、その方法を、図の面的要素にあたる「市街地」、駅そば・多極型の市街地をつなぐ線的要素にあたる「交通」、市街地内及び市街地限界線の外側に存在すると想定される「緑地」に着目して説明しよう。

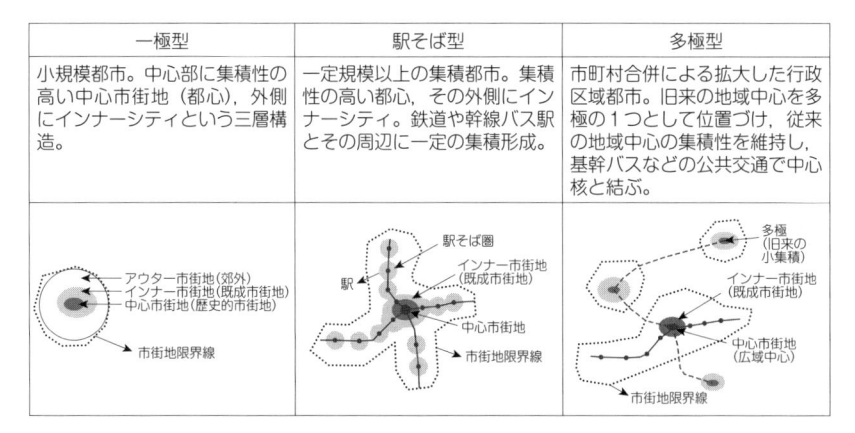

一極型	駅そば型	多極型
小規模都市。中心部に集積性の高い中心市街地（都心），外側にインナーシティという三層構造。	一定規模以上の集積都市。集積性の高い都心，その外側にインナーシティ。鉄道や幹線バス駅とその周辺に一定の集積形成。	市町村合併による拡大した行政区域都市。旧来の地域中心を多極の1つとして位置づけ，従来の地域中心の集積性を維持し，基幹バスなどの公共交通で中心核と結ぶ。

図10-3　空間構造からみたコンパクトシティのタイプ
（出所）　川上・浦山・飯田＋土地利用研究会編（2010）。

4　コンパクトシティを実現させるための方法

（1）集約された市街地への誘導

　図10-3が3つのタイプに分かれている主な要因は，市街地の集約のされ方の相違によることが，図の描かれ方からわかる。市街地の集約のされ方によって3つのタイプに分かれているのは，地域特性（例：人口密度や公共交通機関の発達状況等）が異なり，そうした特性を踏まえて，構想されたからと考えられる。それでは，これら構想の詳細について，川上ら（2010）によって一極型とされている青森県青森市と駅そば型とされている富山県富山市を事例に説明する。

① 一極型（青森県青森市）

　青森県青森市がコンパクトシティを構想したのには，都道府県庁所在都市のなかで唯一，特別豪雪地帯に指定されるほどの豪雪への対応があった。青森市では，1970年から2000年にかけて1万3,000人が中心部から外縁部に転出した。こうした外縁部への転出によって形成された新たな市街地は，除雪場所を増や

図10-4　青森市の土地利用構想

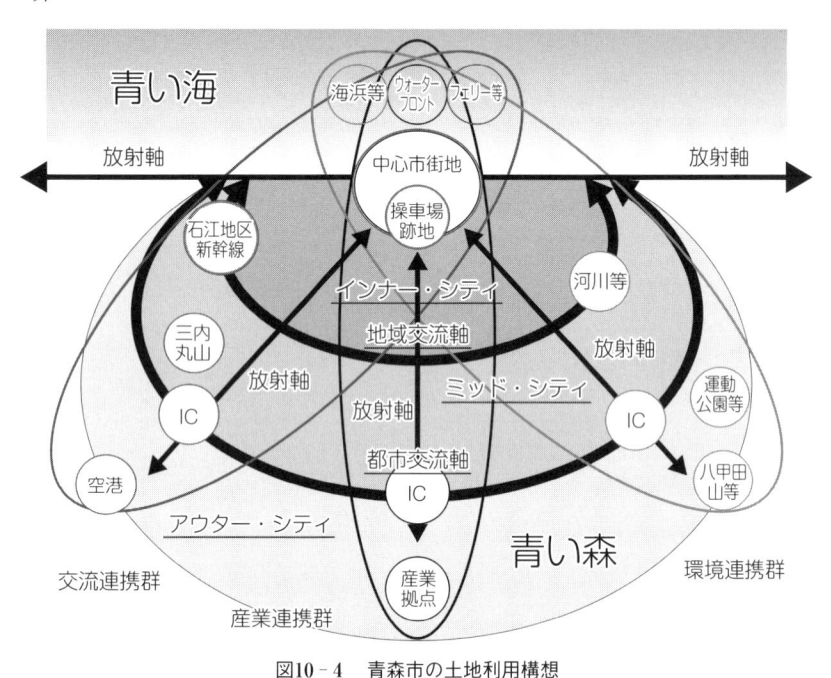

(出所)　青森市 (1999)。

すこととなり，除排雪の費用を増大させた。除雪作業が行われた車道は，積雪のため幅員が狭まるため，渋滞が発生し外縁から中心部への車による移動を困難にさせる。近年，高齢化が進む外縁部の住宅地における生活上の不安（例：自動車が使えないため買い物・通院ができない，除雪作業ができない）も問題視されている。こうした問題を解消するために，青森市では，めざすべき空間像として，3地帯の都市構造を構想している（図10-4）。3地帯は，中心市街地を含むインナーシティ (2,000 ha)，インナーシティの外側にあり低密度の戸建て住宅を主体とした居住地域であるミッドシティ (3,000 ha)，ミッドシティの外側にあり農地や農地周辺の樹林地等の保全により市街地拡大を抑制するアウターシティ (64,000 ha) から構成されている。こうした構想を実現するために，青森市では，インナーシティでは，中心市街地の活性化に向けて，施設整備（例：再開発複合拠点ビル（アウガ），商業と高齢者用住宅複合施設

(ミッドライフタワー）の建設，広場の設置）や街なか住み替え支援事業（郊外に居住する高齢者世帯のうち，中心市街地への住み替えを希望する世帯の住み替えを支援する。そうした住み替えにより発生した郊外の空き家は，市が借り上げ，子育て世帯に低家賃で貸与する）を行っている。外縁部では，大型商業施設の開発を規制している。これらの政策は，中心部の人口を増加（2000年：2万3,000人→2004年：3万4,000人）させる等，一定の成果を収めたとされている（川上他，2010）。

② 駅そば型（富山県富山市）

　富山県富山市には，人口流出による市街地の拡大と市町村合併による市域の拡大によって，全国の都道府県庁所在都市のなかでも最も低密な市街地が広がっている。また，富山市の自動車交通に対する依存は，富山県が一世帯あたりの自動車保有台数が全国第二位の1.73台であることからもわかるように，きわめて高い。そうした特性を有する富山市は，a）車を使えない市民が生活しづらい，b）行政の都市インフラに費やすコストが高い，c）都心部の空洞化により都市全体の活力が低下している都市となっている。これらの問題点を改善するために，富山市が構想している空間像は，「お団子と串の都市構造」と呼ばれるものである（図10-5）。このうち「串」とは，「公共交通軸」と呼ばれるものである。それに該当するものは，すべての鉄道軌道と一定の条件（例：1日あたりの運行本数が60本以上あること，都心と地域生活拠点及び主要施設（例：大学，病院，空港等）を結んでいる）を満たしたバス路線である。それに対して「団子」とは，公共交通によって結ばれた地域の拠点となる場所を表している。これらの場所は，その場所が拠点として機能すると想定された領域の大きさに応じて2種類に分かれる。ひとつは市全域を対象とした「都心」であり，もう一つは市域を複数に分割した地域生活圏内の拠点と位置付けられた「地域生活拠点」である。こうした拠点及びその周辺の人口を増加させるための対策として，都心では，地域に居住する人や事業者に対する経済的助成（例：「まちなか住宅取得支援事業」や「まちなか共同住宅建設促進事業」等）

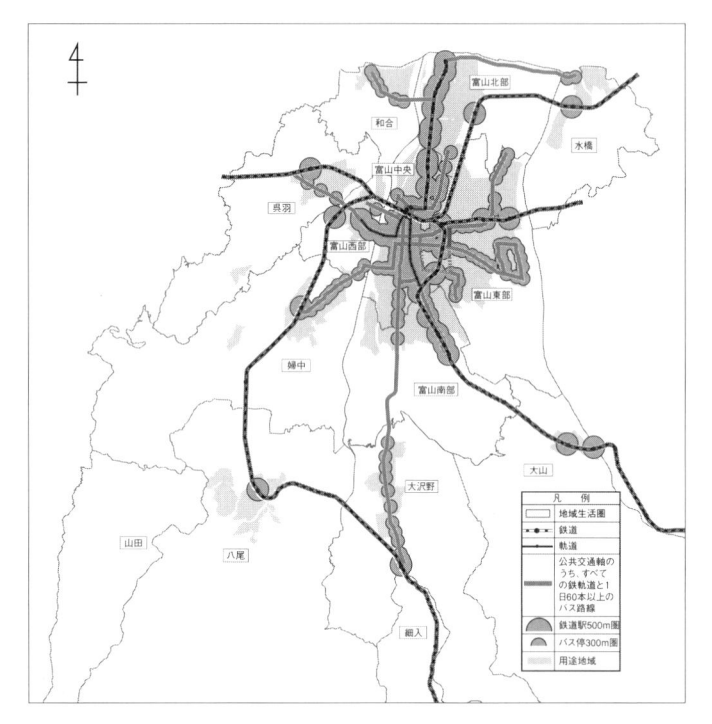

図10-5 富山市の「お団子」と「串」の都市構造の概念図
(出所) 富山市 (2008)。

や商業地の再開発(例:再開発ビル(総曲輪フェリオ)の建設)等が行われている。地域生活拠点とその周辺では,「公共交通沿線居住推進地区」を設定することによって,人口増加を図ろうとしている。同地区は,住宅地と商業地の形成を意図している区域(用途地域)のうち,徒歩による移動が可能と考えられる鉄道駅から500m圏内,バス停留所から300m圏内に設定されている。同地区内には,一定の条件を満たした住宅取得者及び事業者に対して,経済的助成に関わる補助事業(「公共交通沿線住宅取得支援事業」,「公共交通沿線共同住宅建設促進事業」)が整備されている。

以上の2つの都市が構想した空間像が異なるのは,市街地の密度と連坦(連なっていること)の程度が異なるからと考えられる。青森市は,富山市と比べ

て，市街地の密度が高く連坦の程度が高い。そのため，同心円状の3地帯構造が構想されたといえる。それに対して富山市は，市街地の密度が低く市町村合併によって市域が編入されたことから市街地の連坦の程度が低い。その結果として，連坦の程度が低く独立性が高い各市街地を「団子」，それを結ぶ公共交通を「串」と位置付けた都市像が構想されたといえる。

このように市街地の集約のされ方は，市街地の特性，特に市街地の密度の高低と連坦の程度に応じて異なる形態が構想されるべきだといえる。

（2）公共交通主体の交通システムへの転換

図10-3の駅そば型と多極型にみられる複数の市街地は，公共交通によって結ばれている。主要な交通手段として電車・バス等の公共交通が想定されているのは，公共交通が自動車等の他の交通手段と比べて，持続可能な都市の形成にとってさまざまな利点があるからである。その主な利点としては，次の4点が挙げられる。

① 公共交通は，自動車と比べて安全性が高い。たとえば，日本における1億人kmあたりの鉄道による死傷者数は，0.20人である（2006年度現在）。それに対して自動車による死傷者数は108.9人であり，鉄道の544.5倍である。

② 専用軌道を走行することが多い公共交通（鉄道）は，高い速度を出せる安全な走行環境のもと，当初の予定通りに運行されることが多い。公共交通は，道路渋滞の影響を受けやすい自動車と比較すると，定時性を保ちやすい。

③ 公共交通は，免許と駐車場をもち，かつ健康でなければ運転できない自動車とは異なり，料金さえ支払えば誰でも乗ることができる。

④ 公共交通による環境負荷は，小さい。たとえば，旅客輸送機関の二酸化炭素排出原単位（1人を1km運ぶために排出する二酸化炭素量のこと。（単位：$g\text{-}CO_2$））は，自家用車が173，航空機が111であるのに対して，バスが51，鉄道が19である。このように公共交通の二酸化炭素排出量の小さ

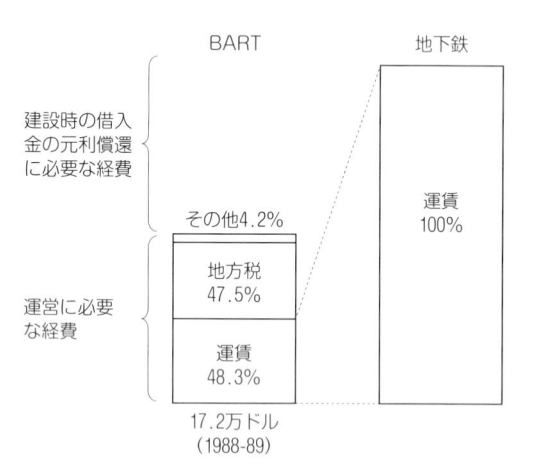

図10-6 日本の公共交通の公的財源の割合（運営費）
(出所) 天野・中川 (1992)。

さ，とりわけ鉄道による二酸化炭素排出量の小ささが際立っている。

これらの利点から，公共交通は，持続可能な都市の形成に大きく寄与する交通手段といえる。このような多くの利点があるにもかかわらず，公共交通は衰退の一途をたどっている。たとえば，日本の地方鉄道における赤字営業の事業者は，全事業者の約3割も存在している。また2000年3月から2008年5月までに廃止された鉄道は29路線，605.1 km に上っている。これは，わずか8年間のうちに，東京から兵庫県明石までに相当する路線が消失したことを表している。

公共交通が衰退した主な理由としては，次の2点が挙げられる。1つは，前述したように主要な交通手段が自家用車に変わることによって，利用者数が減少したことである。もう1つは，日本の公共交通の多くが独立採算原則で運営されていることである。独立採算原則とは，公共交通の整備や運営に必要な費用は，公共交通を利用する人の負担によって賄われるべきだとする原則である。その実態を表すものとして，図10-6は，米国カリフォルニア州のサンフランシスコベイエリアを走る鉄道 BART (Bay Area Rapid Transit) と日本の大阪市営地下鉄の運営費を比べたものである。同図から日本の地下鉄では，運営費

を事業者が運賃によって賄っているのに対して，BARTでは，運賃：48.3%，地方税：47.5%と運営費の半分近くを地方自治体が負担していることがわかる。つまり日本の公共交通は，利用者数の減少によって運賃収入が減少した場合，米国と異なり運営が困難な状況に直面しやすいため，衰退したと考えられる。

　こうした状況から公共交通が主体となった交通システムに転換するためには，次の2つの方策を行うことが考えられる。1つは，TDM（交通需要マネジメント（Transportation Demand Management））の導入である。従来の交通整備は，予想される交通需要量に基づき実施されてきた。たとえば，自動車交通量の増加が予想される場合には，その増加量に対応できる道路整備を進めるといったものである。こうした需要追随型といえる交通マネジメントは，自動車交通にとって移動しやすい道路網整備を進めた一方で，都市の持続可能性といった観点からの配慮が十分ではなかった。そのため，自動車利用者の増大による公共交通の衰退や道路総延長距離の増大による管理に関わる過大な財政負担の発生といった，都市の持続可能性を脅かす問題が発生した。TDMとは，供給（例：道路整備）を必要最小限に抑えるために，需要（例：自動車交通量）をコントロールしようとする交通マネジメントである。公共交通主体の交通システムの転換に向けては，主要な交通手段を自動車から公共交通へと変更を誘導することが考えられる。具体策としては，住民に対する的確な情報提供，運賃補助，都心周辺の駅・停留所周辺に駐車場を設置することにより，混雑地域の手前で公共交通の乗り換えを促すパーク＆ライド（Park & Ride）などが考えられる。もう1つは，公共交通の社会的価値を重視した運営である。社会的価値とは，社会全体が受ける利点の大きさを指すものである。自動車と電車に関わる費用を比較すると，個人が支払う費用（例：ガソリン代や運賃等：A）は，自動車よりも電車の方が高いかもしれない。しかしそこに社会的価値（例：環境負荷の低減，エネルギー消費量の削減等：B）を加えた費用である社会的費用（A＋B）で両者を比較すると，電車の社会的価値がより高いために，電車よりも自動車の方が高くなることが考えられる。米国の公共交通の運営において多くの地方税が投入されているのは，都市の持続可能性に資する社会的価値

を重視しているからと考えられる。日本においても,公共交通の社会的価値に対する普及・啓発に努めて,公的財源を公共交通に投入することに,コンセンサスを得られることが必要といえる。

(3) 緑地の環境保全機能の活用

図10-3には,都市空間を構成する要素として,市街地と交通路線が記されている。しかしその市街地や交通路線の背後や市街地内には,公園,農地,樹林地といった緑地があることが想定される。図10-3に記されていない緑地は,持続可能な都市の形成に向けて不可欠な存在と考えられる。なぜ不可欠なのかとの問いに応えるキーワードは,「機能」である。「機能」の意味は,「ある物が本来備えている働き」である。緑地の機能は,通常,環境保全機能と呼ばれ,緑地を活かした都市形成の必要を示す根拠として使われることが多い。

それでは,どのような機能があるのだろうか。緑地の主要な環境保全機能は,下記の9種にまとめられる(横張・渡辺編著,2012)。

① 生物・生態系保全機能
　さまざまな生物種の生息を保護し,生態系全体の安定性を維持する機能
② 水保全機能
　雨水や河川水を貯留することで,水の急激な流出を防ぎ,地下水脈へ水を供給する機能。農地を対象とした場合には,水質を浄化する機能を含む。
③ 景観保全機能
　郷土感を醸しだし,季節変化の指標となる地域の景観を保全する機能
④ 保健休養機能
　レクリエーションや教育,自然とのふれあいの場としての機能
⑤ 微気象緩和機能
　風や温度,湿度などの急激な変化を緩和し,強い日射を遮る機能
⑥ 居住環境保全機能
　騒音を防止し,植物による遮へいを通してプライバシーを守る機能
⑦ 大気保全機能

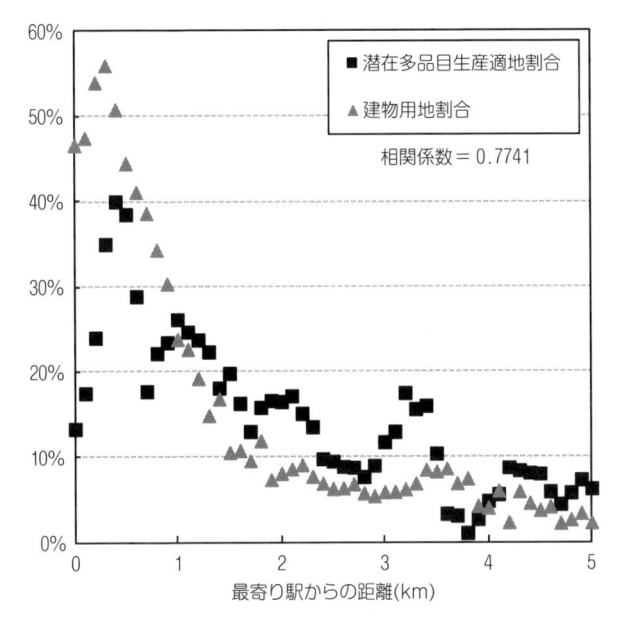

図10-7 潜在多品目生産適地の割合と最寄り駅からの距離の関係
(注) 多品目生産適地とは,さまざまな品目の農産物に適性をもつ良い土がある土地。
(出所) 広原ほか(2002)。

大気中の汚染物質を除去し,酸素・二酸化炭素量を調節する機能
⑧ 土保全機能

　土壌浸食や斜面の土砂崩壊を防止する機能
⑨ 食料・バイオマス生産機能

　農作物やバイオマス(木材やふん尿等といった再生可能な,生物由来の有機性資源であり,化石資源を除いたもの)を生産する機能

　このように緑地は,持続可能な都市の形成に不可欠な機能をもっている。さて緑地を,持続可能な都市の形成に不可欠な空間要素として,図10-3に表現するためには,どのような描き方があるのだろうか。緑地の環境保全機能に関わる研究成果をもとに考えてみよう。

　図10-7は,首都圏のある地方自治体を対象に,緑地の一つである農地の食

162 Ⅳ　地域と社会

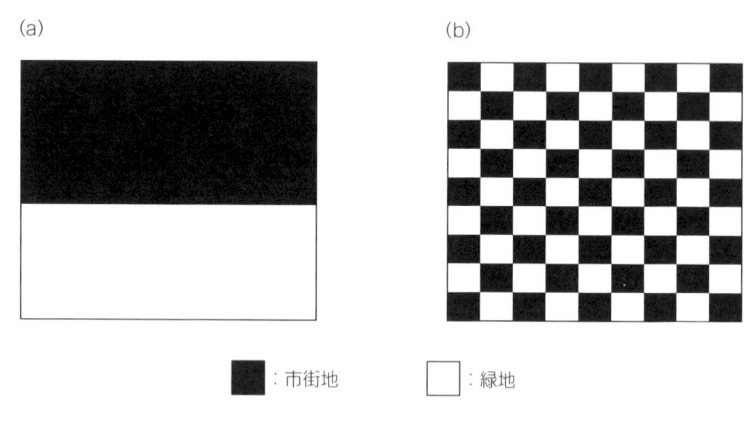

■：市街地　　□：緑地

図10-8　緑地と市街地の配置パターンの概念図

料生産機能を評価した成果の一つである。この図は，建物用地の割合と農作物を生産する上で良い土の割合の関係を示している。都市の農地の食料生産機能を取り上げたのは，安全安心な食料に対する関心や農作物を育てる都市住民の増加にみられるように，近年，都市住民の「農」への関心が高まっているからである。図からは，駅に近づくにつれて良い土地が分布する割合が高くなっていることが読み取れる。かつて良い土がある土地に人々が入り，農業がはじめられた。そしていつしか人が集まり，都市が形成された。そうした都市形成のプロセスを考えれば，上記は当然の結果といえるだろう。つまり図10-3を「農地の食料生産機能を活かした都市」として表現するならば，緑地は，市街地内に描かれるべきといえる。それでは，市街地内に緑地をどのように描けば良いのだろうか。

　図10-8は，緑地と市街地の配置パターンの概念図を示したものである。(a)は市街地と緑地がきっちりと分かれているパターンであり，(b)は市街地と緑地が混在しているパターンである。2つのパターンの大きな違いは，緑地の規模，緑地と市街地間の距離，緑地と市街地の接触の度合いにある。すなわち，(a)は，緑地の規模が大きく，緑地－市街地間の距離が長く，緑地と市街地の接触の度合いが低い。それに対して(b)は，緑地の規模が小さく，緑地－市街地間の距離

が短く，緑地と市街地の接触の度合いが高い。市街地内の多くの都市住民が農作物の栽培に関われる都市とするためには，緑地－市街地間の距離が短い(b)が望ましいといえる。また(b)は，緑地と市街地の接触の度合いが高いために，市街地内において緑地の環境保全機能に触れる機会が多くなるパターンともいえる。一方(a)は，緑地－市街地間の距離が長いため，多くの都市住民が農作物栽培に従事するには，(b)と比べると適切とはいえない。ただし緑地の規模が大きいため，専業農家による大規模農業を行う上では適切な環境だといえるだろう。これらから市街地内に緑地を(b)のように描くことは，多くの都市住民が農作物を育み，緑地の環境保全機能に触れる機会が多い都市をイメージしたものといえ，(a)のように描くことは，専業農家による大規模農業が展開される都市をイメージしたものといえる。

　以上から緑地は，発揮を期待する機能や想定されている使われ方に応じて，確保する場所と配置パターンを使い分けることが必要といえる。

5　「フロー創出」から「ストック活用」の地域計画へ

　本章では，現在の日本の都市が抱える環境問題の解決に寄与する都市像として，コンパクトシティを紹介した。そしてそうした都市像を実現する主要な方法を3点にまとめて，説明した。第1は，市街地拡大の抑制，外縁部からの住み替えの促進，そして中心市街地の活性化によって市街地を集約された形態に誘導することである。第2は，TDMの運用と公共交通の社会的価値を重視した運営による公共交通主体の交通システムへの転換である。そして第3は，緑地の環境保全機能の積極的な活用である。

　これらの方法に通底する共通点とは，「今あるものの有効活用」であろう。すなわち環境問題が主要な問題となった現在の地域計画のコンセプトは，市街地拡大，道路整備といった新たにものをつくる「フロー創出」から，今あるものを有効に活用する「ストック活用」に変わりつつあるといえそうだ。

　以上，本章で説明した取り組みや考えのさらなる深化によるストック活用型

の地域計画の確立が，地域環境問題を解決するために求められているといえよう。

参考文献

青森市『青森市都市計画マスタープラン』青森市，1999年。
天野光三・中川大編『都市の交通を考える』技報堂出版，1992年。
広原隆・横張真・加藤好武・渡辺貴史「多品目生産適性からみた都市農業適地の評価とその分布形態の解明」『農村計画論文集』2号，2000年。
富山市『富山市都市マスタープラン』富山市，2008年。
辻本勝久『地方都市圏の交通とまちづくり――持続可能な社会をめざして』学芸出版社，2009年。
川上光彦・浦山益郎・飯田直彦＋土地利用研究会編著『人口減少時代における土地利用計画――都市周辺の持続可能性を探る』学芸出版社，2010年。
横張真・渡辺貴史編著『郊外の緑地環境学』朝倉書店，2012年。

(渡辺貴史)

第11章

地域と観光——屋久島の現状から考える

　2007年1月，観光立国を標榜する観光立国推進基本法が施行され，2008年10月には国土交通省のもとに観光庁が置かれるなど，国レベルにおいて各地で展開されている観光を後押しする仕組みができつつある。それに呼応して，ほとんどの地方自治体は，観光を地域の振興策の柱に掲げ，交流人口の拡大を図ろうとさまざまな工夫を重ねている。

　観光は，私たちにとって身近な存在である。その定義は，「楽しみをおもな目的」とし「場所の移動」を伴う「非日常の体験」とされるが，その具体的な形態は刻々と変化している。団体型観光から個別・小グループ型観光への転換といった近年の動きなどは，観光の定義や構成要素，地域資源の適正利用といった根本的な議論を喚起することにもなった。環境負荷を考慮し環境教育的な要素をふくむエコツーリズムの台頭は，その典型的な動きといえる。

　しかし，観光の理念と現実の間には，埋めるのが困難なギャップが生じていることも事実である。そこで本章では，地域環境政策の分野において，観光はどのように貢献できるのか，日本においてエコツーリズムの先駆け的な取り組みの地として知られる世界自然遺産の島・屋久島の事例を紹介しながら考えてみたい。

1　地域環境と観光

　観光を構成する要素は，観光客・観光資源・観光資本，そして地域住民（地域コミュニティ）の4つである。近年よく指摘されるのは，観光は地域住民の理解や支援を得ないままでは決して持続的な展開は図れないという点である。観光資源は，アミューズメントパークなどの人工施設や神社仏閣などの歴史的

遺産，景勝地や生物といった自然など幅広い。これらを旅行会社などの観光資本が地域外から訪れる観光客にパックツアーとして提供する仕組みは，少なくともその仕組みが作られた初期の段階では地域住民が関わらなくともある程度成り立つであろう。しかし，観光の本質は，観光客が「非日常」と感じる対象（観光資源）を保全し継承してきた「地域住民」の存在がなければ，そもそも観光資源が今日まで保全・継承され私たちの眼前に残されていたとは限らず，その点において，観光資源と日常的に共生してきた地域住民の存在は，観光を構成する際の基盤に位置づけられる。

たとえば，自然観光資源を例に考えてみよう。これらのなかには，地域住民の保全意識にくわえて，国や地方自治体の政策的な視点が，開発と保全のどちらに比重をおいてきたかによって，偶有的に残されたものも多い。

その典型的な場所の一つに，鹿児島県の屋久島がある。スギの伐採利用は江戸時代から行われていたが，1950年代にチェーンソーが導入されたこともあって，樹齢400年未満の小杉の伐採が加速度的にすすんだ。その結果，良質なスギの一大産地として屋久島の知名度が高まっていく。しかし，かんきつ類の栽培といった農業とならんで島の基幹産業であった林業は，安価な輸入木材の流通などの影響で衰退を余儀なくされた。

しかし，このことは現在みられる屋久島の自然環境を保全する大きな転機となったことは紛れもない事実であり，以後，1993年12月に白神山地と同時に国内初の世界自然遺産への登録がなされたあたりから，屋久島は自然観光資源を中心とする観光地として知られるようになった。とくに，トレッキングやカヤック体験，ウミガメや滝・清流の観察など，いわゆる「エコツーリズム」に含まれる観光資源への人気が次第に定着していく。現在，屋久島といえば世界自然遺産登録地域を中心とするエコツーリズムの対象地として，一躍知られるところとなった。

2011年6月29日，ユネスコは東京都の小笠原諸島を世界自然遺産に登録した。先行して登録されている鹿児島県の屋久島と青森県・秋田県の白神山地，北海道の知床（2005年登録）に次ぐ，国内4番目の世界自然遺産の誕生は，新聞や

テレビなど報道によって大きく取り上げられた。その論調は，少なからず観光客の増加を予測するもので占められていたように思われる。

世界遺産登録は，地域にとっての「諸刃の剣」であるという指摘がなされて久しい（鈴木，2010）。本来，世界遺産の制度は，人類の共通財産として「顕著な普遍的価値」をもつ自然や文化を登録し，保護や保全をすすめるものであり，観光振興を目的にはしていないからである。しかし，実態は「世界遺産」がブランド力のある観光資源として喧伝されており，世界遺産制度の役割がどこにあるのか，改めて問い直す動きもみられる。

たとえば，国内の世界文化遺産のなかでも，とくに岐阜県・富山県の白川郷・五箇山の合掌造り集落（1995年登録），和歌山県の紀伊山地の霊場と参詣道（熊野古道，2004年登録）の観光客の増加は，地域住民の日常生活に支障をきたすほどになっている点は周知のとおりである。それに対して，観光客のモラル向上を図る取り組みや，私有地などへの立ち入り制限といった対応がとられる事例も生まれるようになった。さらに，人間活動の負荷は，生活環境にとどまらず周辺の自然環境にも波及していくケースが増え続けるのではないかとの危惧が高まっている。

世界自然遺産においても，立ち入り人数の制限やトイレの有料化，環境教育プログラムの提供といった対策が議論されている。本章で取り上げる屋久島（図11-1）では，微生物による分解を行う土壌処理型トイレや携帯トイレブースの設置，電気自動車の普及による二酸化炭素の削減など，環境保全につながる具体策に取り組みつつある。

さらに，近年では，観光客の入山規制の実施に向けた動きに注目が集まっている。屋久島の入り込み客数は，1970年代半ばから1980年代半ばまでは10万人台前半で推移していたが，世界遺産登録後は増加に転じ，2007年代度には40万人を上回った。そのなかでも観光客の人気を集める縄文杉（写真11-1）は，2010年度には約9万人，ピーク時には1日1,000人超が訪れている。このような人々の集中は，根元の踏みつけといった生育への悪影響が懸念される事態を引き起こすおそれが指摘されている。

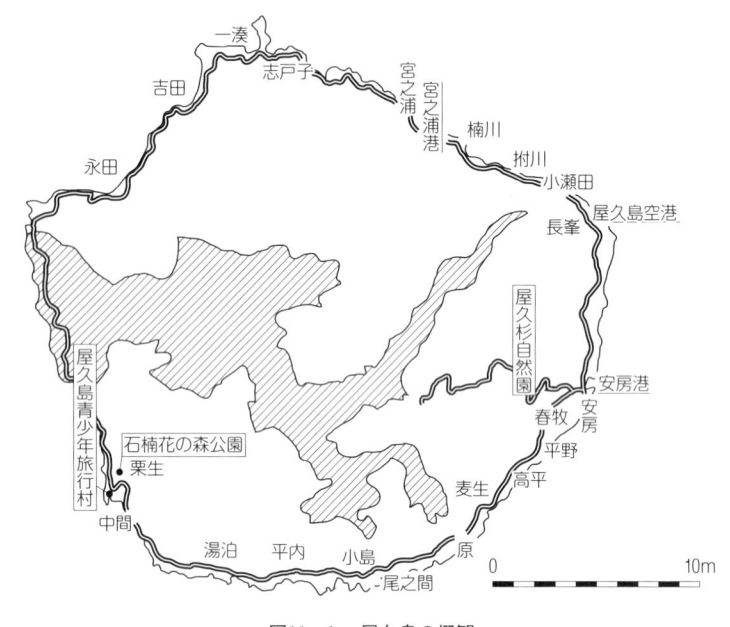

図11-1　屋久島の概観

(注)　斜線部分は世界遺産登録地域。

　これをうけて，2011年6月14日，屋久島町は2012年3月の施行をめざして町議会に「屋久島町自然観光資源の利用及び保全に関する条例」の制定に関する議案を提出した*。このなかで，町は縄文杉への立ち入りを1日あたり420人とした場合の影響を，前年実績にくらべ年間約9千人の立ち入り数と約2億3千万円の宿泊関連売り上げの減少が見込まれるとの試算を示した。

　　＊2007年6月に成立したエコツーリズム推進法により，市町村が特定の自然観光資源を指定し，それらを損なう恐れのある行為に対して30万円以下の罰金に処する条例を設けることが可能になった。これをうけて本条例案では，自然観光資源として①縄文杉ルート（大株歩道）の自然植生，②永田浜（写真11-2）のウミガメ，③西部地域の生態系と歴史的資源の3か所をあげ（表11-1），ここへの立ち入りを町長の承認制として1人400円の手数料を徴収することとしている。

　同月21日に開かれた議会特別委員会，同月23日の本会議はともに全会一致で否決し，2012年3月からの立ち入り制限の実施は不可能となった。議会特別委

第11章 地域と観光 169

写真11-1 縄文杉　　写真11-2 国内有数のウミガメ上陸地・永田浜

表11-1　屋久島における特定自然観光資源と利用調整案の概要

	大株歩道周辺の自然植生	永田浜のウミガメ	西部地域の生態系及び歴史的資源
区　域	全指定区域	全指定区域	全指定区域
期　間	3月11日～11月30日	5月1日～8月31日 (19:30～翌5:00)	通年
対象者 立入人数 上　限	すべての利用者 日帰り利用者350名 宿泊利用者80名	すべての利用者 5/1～14：立入を認めない。 5/15～31：80名。 8/1～31：120名	観光客，営業活動により利用するガイド
行為規制	・サルやシカ等の野生動物に餌を与えること。 ・飼養動物を連れていくこと。(盲導犬，介助犬，聴導犬を除く)	・懐中電灯等照明器具を使用すること。 ・カメラ等によりフラッシュ撮影をすること。	・サルやシカ等の野生動物に餌を与えること。 ・飼養動物を連れていくこと。(盲導犬，介助犬，聴導犬を除く) ・産業，生活遺跡に関するものの持ち去り。
その他		利用条件：永田浜ウミガメ保全協議会が開催する観察会等に参加する。	利用条件：ガイドは「西部地域利用ガイド」認定を受けた者に限る。 モニタリング：利用ガイド利用時のモニタリング調査を義務付け，年1回程度結果を分析して利用調整内容を見直す。

(出所)　(株)メッツ研究所の公開資料（http://www.mets-ri.co.jp/image/h-2lyaku.pdf）をもとに筆者が作成。

員会副委員長は「自然環境を守るために観光客を制限する必要性は理解しているが、観光産業にあまり影響を与えるべきではない」と述べるなど、屋久島の基幹産業となっている観光業に対する影響への懸念が否決に至った最大の理由であることが示唆された。もちろん、このような制限は、エコツアーガイドといったサービスの質の向上を阻害しかねず、市場経済の規制につながると懸念する指摘もあり、今後さらに議論を重ねていくべきだろう。

筆者は、かつて「エコツーリズムが日本でも徐々に浸透しつつある現在、むしろ自然環境との共生を考えながら観光をするには、屋久島は自然環境の認知度が高いだけに、…観光需要の質的向上も必然的にすすむ」と述べた（深見ほか、2003）。ところが、今日みられる状況は、むしろ改善しつつあるというより悪化しているとみるべきであり、改めて屋久島における観光振興と環境保全のジレンマに注目し考察を加える必要がある。

以上の問題意識に立って、世界自然遺産と環境保全を指向するエコツーリズムの確立を図るには、どのような点に留意する必要があるのか詳しくみていこう。

2　屋久島におけるエコツーリズム

屋久島が行き先になっているツアー商品のパンフレットやインターネットでの情報等をみると、その名称はほとんどが「エコツーリズム」と「世界自然遺産」とが一緒くたに用いられているのが実情である。エコツアーをうたいながら、その理念に基づいたものが大勢かというと、残念ながらそうとは言い切れず、集客力の高い一種の商品ブランドとしての側面が優先されているかのような内容のものも散見される。

このような状況は、国内の他の世界自然遺産登録地でも同様である。とくに、環境保全と観光振興を両立させていくには、理念と現状とをつねに比較考察していきながら、環境負荷量といった相互の関係を注視していく必要がある。

(1) エコツーリズムの理念と実際

表11-2は,屋久島および日本でのエコツーリズムに関する動向を整理したものである。

表11-2　屋久島内外におけるエコツーリズム等に関する動向

年	屋久島の動き	日本の動き
1989	・地域のイメージコンセプトとした「スーパーネイチャー屋久島」を掲げる『林地活用計画』策定(旧上屋久町)。	・「小笠原ホエール・ウォッチング協会」発足。
1990	・「国内エコツーリズム推進方策検討調査」で,国内5か所のうち1か所に選ばれる。	・環境庁がエコツーリズムを提唱(『熱帯地域生態系保全に関する取組について』報告書)。
1992	・自然と人との共生をうたった「屋久島環境文化村構想」発表(鹿児島県)。	・日本環境教育フォーラム清里ミーティング'92で,エコツーリズムの概念について議論。
1993	・「屋久島環境文化財団」設立。 ・森林環境整備を推進するための協力金制度の導入(営林署)。 ・「屋久島憲章」制定(旧上屋久,屋久両町)。 ・世界自然遺産に登録。	・JATA(日本旅行業協会)が「地球にやさしい旅人宣言」発表。
1994	・屋久島フォーラム'94 in TOKYOで「屋久島エコミュージアム構想」公表。 ・「屋久島山岳部利用対策協議会」発足。	・日本自然保護協会「エコツーリズム・ガイドライン」発表。 ・「OSAKA観光宣言」(世界観光大臣会議)。
1995	・永田ウミガメ連絡協議会による有料のウミガメ観察会開始。	・JATA,エコツーリズムセミナー開催。 ・運輸省,国内観光促進協議会エコツーリズムワーキング・グループを設置。
1996		・IUCN,第2回東アジア国立公園保護地域会議開催。 ・「西表島エコツーリズム協議会」発足。
1997		・『エコツーリズム研究会レポート集』発行。
1998	・ガイド業の増加が目立ち始める。	・『JATAエコツーリズムハンドブック』出版。 ・日本エコツーリズム推進協議会設立。 ・「北海道エコツーリズム推進協議会準備会」発足。
1999	・屋久島エコガイド連絡協議会設立。	・『エコツーリズムの世紀へ』(エコツーリズム推進協議会)出版。
2000	・町道荒川線車両乗入れ規制(期間限定)開始。	

年		
2002	・島内の関係機関が『屋久島エコツーリズムの推進のための指針及び提案等』作成。	・国際エコツーリズム年（国連）。
2003	・「屋久島地区におけるエコツーリズム推進モデル事業」の実施（環境省）（～2007）。	・エコツーリズム推進会議開催（～2004）。
2004	・「屋久島地区エコツーリズム推進協議会」発足。	・環境省エコツーリズム推進事業開始。
2005	・地元有志中心の任意団体「屋久島まるごと保全協会（YOCA）」設立。 ・永田浜がラムサール条約湿地に登録。	
2006	・「屋久島ガイド登録制度」開始。	・観光立国推進基本法が成立（2007年施行）。
2007	・上屋久町・屋久町が合併し屋久島町誕生。	・エコツーリズム推進法が成立（2008年施行）。
2008	・「屋久島山岳部保全募金」を導入。	・国土交通省に観光庁発足。
2009	・「永田浜ウミガメ観察ルール2009」策定。 ・山岳部で携帯トイレ導入開始。 ・「屋久島町エコツーリズム推進協議会」が発足。 ・「マイバッグ持参運動及びレジ袋有料化に関する協定」が締結。	・第1回全国エコツーリズム学生シンポジウム開催。 ・埼玉県飯能市がエコツーリズム推進法にもとづく全体構想認定第1号。
2010	・町道荒川線車両乗入れ規制（オンシーズン全期間）が開始。	

（出所）深見ほか（2003），真板ほか編著（2011），環境省屋久島世界遺産センターホームページ（http://www.env.go.jp/park/kirishima/ywhcc/ecotour/ecotour.htm 2011年8月29日閲覧）をもとに筆者が作成。

　日本では1990年に環境庁の報告書『熱帯地域生態系保全に関する取り組みについて』においてエコツーリズムが提唱されたことに端を発する。また，同年に環境庁による『国内エコツーリズム推進方策検討調査』で，国内4か所（知床・立山・奥日光・西表島）とともに屋久島も推進地区の1つに選定されている。屋久島が日本においてエコツーリズムの「先進地」と呼ばれる所以である。
　そもそもエコツーリズムとは，国連における「持続可能な開発」を念頭に，自然環境の活用と保全の両立を第一義的に捉えて，歴史や文化，それらを継承してきた人々との交流といった具体的な環境教育的体験をとおして，地域経済の活性化と環境保全への取り組みの促進を目的としたものである（敷田，2010）。
　屋久島では，1990年代後半よりエコツアーガイドの増加が目立つようになり，

第11章　地域と観光　173

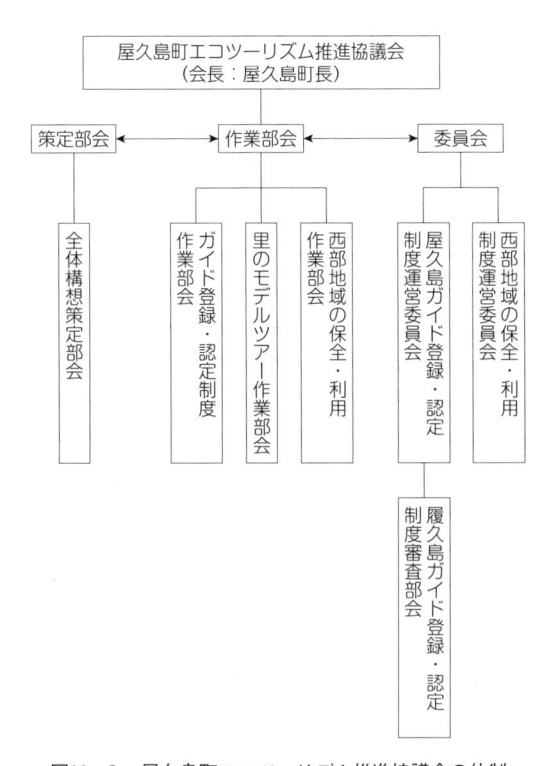

```
        屋久島町エコツーリズム推進協議会
              (会長：屋久島町長)
                    │
      ┌─────────────┼─────────────┐
    策定部会       作業部会         委員会
      │             │              │
   全体構想    ┌────┼────┐    ┌────┴────┐
   策定部会   ガイド  里の  西部  屋久島    西部
           登録・  モデル 地域  ガイド    地域
           認定制  ツアー の保  登録・    の保
           度作業  作業  全・  認定      全・
           部会   部会  利用  制度運営   利用
                       作業  委員会     制度運営
                       部会             委員会
                              │
                          屋久島
                          ガイド
                          登録・
                          認定
                          制度審査
                          部会
```

図11-2　屋久島町エコツーリズム推進協議会の体制
（出所）屋久島町エコツーリズム推進協議会『屋久島町エコツーリズム推進全体構想（素案）』による。

　2004年9月に鹿児島県や環境省など15の組織が結集して屋久島地区エコツーリズム推進協議会が置かれ，2009年8月にこれを再編した屋久島町エコツーリズム推進協議会が活動している＊。当協議会は，屋久島のエコツーリズム推進のために，①ガイド登録・認定制度の立ち上げおよびその運営，②里地におけるツアープログラムの開発，③特定地域における保全・利用のルールづくりの3点を柱に取り組みを重ねている（図11-2）。

　＊2008年4月に施行されたエコツーリズム推進法は，第1章に目的として「自然環境の保全」「観光の振興」「環境教育」の推進が示されており，第5条において市町村が「エコツーリズムを推進しようとする地域ごとに，…エコツーリズムに関連す

る活動に参加する者並びに関係行政機関及び関係地方公共団体」によるエコツーリズム推進協議会を組織することができる，と定めている。協議会の役割として，エコツーリズム推進全体構想の作成が義務づけられている。屋久島町では，本法に則り，「自然環境資源」（動植物の生息地又は生育地その他の自然環境，ならびに自然環境と密接な関連を有する風俗慣習その他の伝統的な生活文化に係る観光資源；第2条参照。）を，町長が「特定自然観光資源」（観光旅行者その他の者の活動により損なわれるおそれがある有形の自然観光資源であって，保護のための措置を講ずる必要があるもの；第8条参照。）に指定することで，損傷や廃棄物の放置などの行為に対して町が改善の指示を出すことができる。また，それらの状態悪化のおそれがある場合には，立ち入ろうとする者の人数を制限することを可能としている。屋久島では，条例案が可決され，『屋久島エコツーリズム推進全体構想（素案）』が国に認定されれば，町は表12‒1にあげた3か所を「特定自然観光資源」に指定でき，国は認定を受けた町の広報など積極的に支援を行うなど，国や地方自治体，NPOなどの民間団体といった多様な主体によるエコツーリズムの協力関係が促進される見込みであった。

　これらの活動は，エコツアーガイドの質的量的な確保がなされて初めて機能するものであり，ガイド登録・認定制度は少なくともそれに資すると考えられる。現在，職業として従事するガイドは約200名いるとされ，Iターン者やUターン者をはじめとする島民にとって貴重な雇用創出の機会となっており，環境保全との両立を図るエコツーリズムの展開は，屋久島の持続的な観光の振興を図るうえで中核をなすものである。

　ガイドの存在は，屋久島を訪れる観光客にとって，エコツーリズムがもつ本来の理念を具体的にひも解いてくれるところに意味がある。現場において，自然環境への負荷や生活環境への侵入を可能な限り低減していけるかは，エコツアーガイドや観光客の環境への意識といったモラルにも負うところが大きい。ガイドの登録・認定制度は，2005年10月に屋久島地区エコツーリズム推進協議会が「屋久島ガイド登録・認定制度実施要綱」に基づき開始しているが，制度設計などの面において慎重な議論の余地が残されおり，今後の新たな登録・認定制度がどのようなものになるのか注視していきたい。自然環境を中心とする地域において，ガイドによる世界遺産登録地以外での照葉樹林の藪こぎ体験に

よる森林の荒廃や、観光にかかわりの少ない住民の無関心、とくに永田浜で指摘される観光客のエコツーリズムの試みへの無関心といった現実がいまだに続いている状況を見たとき、このような取り組みは喫緊に推進していくべきである。

観光客の増加による自然環境への影響という現象は、数字として明示するにはなじみにくいため、環境容量の設定にかんしては、実際に立ち入り人数の制限を行う場合にも試行錯誤が伴うのはやむを得ない面がある。負の影響が出てからではなく、影響の兆しが確認されただけでも柔軟に応じていける姿勢がなければ、エコツーリズムの存立基盤にある自然観光資源はただちに損失の危機に直面する可能性があるからである。

（2）世界自然遺産の理念と実際

世界自然遺産について、日本では1992年に世界遺産条約に批准したことを契機に、認知度が高まっていった（市川, 2008）。本条約に基づき、人類の共通財産としての「顕著な普遍的価値」をもつ遺産を、ユネスコに置かれている世界遺産委員会が登録の可否について審議している。世界自然遺産の登録は、以下の4つの基準のうち1つ以上を満たす必要がある。

① ひときわすぐれた自然美を備えた自然現地又は地域。
② 生命進化の記録、現在進行中の地質学的な過程等で地球史の各種の段階を表す優れたもの。
③ 陸上、淡水、海洋の生態系の進化過程において、現在或いは現在進行中の生態学、生物学の過程を表すすべてのもの。
④ 科学的視点から世界的に高い価値をもち、絶滅の恐れのある種や多様な野生生物の生息地。

屋久島は、①③が基準を満たすとして登録されている。逆に言えば、基準を満たす自然環境の状態が保たれていなければ、「危機にさらされている世界遺産（危機遺産）」への登録や、さらには世界遺産リストからの削除という措置がとられることになる。*また、そもそも世界遺産制度は、登録による保護が目的であり、登録をエコツーリズムなどの観光振興につなげることは掲げられ

ていない。世界遺産に登録された地域は，あくまで知名度の向上した結果とし
て大なり小なり観光客の増加が起こるのである。

　　＊たとえば，世界遺産第1号のガラパゴス諸島（エクアドル）は，観光客や移住に
　　よる人口の増加により，2007年に危機遺産に登録されたことがある（その後，自然
　　環境保護への改善が図られたとして2010年に危機遺産から消除されている。）。また，
　　これまで世界遺産リストから削除されたものは，自然遺産はアラビアオリックスの
　　保護区（オマーン，2007年）の1件，文化遺産はドレスデン・エルベ渓谷（ドイツ，
　　2009年）の1件となっている。

　実際に，世界遺産は観光振興を目的としていないものの，現実に世界遺産に
多くの観光客が訪れ，本来の保護の役割が果たしにくくなっている事例が表出
しているのは紛れもない事実である。

　屋久島でも，副次的な結果としての観光客の増加を，むしろエコツーリズム
の展開といった地域における経済活動にとどまらず，環境保全に対する関心喚
起の機会として捉えるといった意識の重点化とそれに伴う諸種制度の設計が早
急になされる必要がある。世界自然遺産に登録されてしまったがゆえに，保護
はおろか劣化を招くというジレンマに陥ってしまいかねない。このことに関し
て建井（2005）も述べるように，世界遺産の保護と観光の両者は「個人の価値
観という微妙なバランスの上に成り立っており，…両者をバランスよく両立さ
せるためには，関係者の一部のみの価値観を反映させた決定に基づいて運動を
推進するのではなく，自然・文化遺産の管理者，行政，地域住民，観光業関係
者，観光客などのすべての主体を協議に参加させ，合意形成」を図る地道な過
程を重ねる必要がある。＊

　　＊その具体的な施策として，エコツーリズム推進法に基づく『エコツーリズム推進
　　全体構想』の認定と「特定自然観光資源」の指定といった枠組み整備は，屋久島の
　　現状をみたとき，少なくとも社会実験としての試行の価値があるだろう。これに関
　　連して，他のエコツアー地域と比べて屋久島の観光客数は小規模であるとか，立ち
　　入り規制は市場機能を阻害するとかの指摘もなされているが，少なくともエコツー
　　リズムの展開される地域の自然環境が置かれた状況や環境負荷への容量は個別に異
　　なるため，数字の大小の比較はあまり意味をもたないと考えられる。そもそもエコ
　　ツーリズムの理念が，スモール・ツーリズムを指向するものであり，自然環境の保

護を図るための何らかの規制を行う余地は，エコツーリズム成立の前提として存在すると考えるのが適切といえる。

世界自然遺産登録地に多くの観光客が集中する屋久島の現状は，世界遺産の保護の視点からは明らかに負荷量が危惧される状態に陥っている。一方で観光振興という視点からは地域経済に一定量の波及効果が生じている。この両者のバランスをとることこそが，エコツーリズムが本来的にもつ仕組みといえる。世界自然遺産の保護を優先しすぎれば島の基幹産業への影響は必至であるし，観光客の需要を優先しすぎれば自然環境の劣化が生じ観光産業は一気に存亡の危機に直面することになる。まさしく屋久島は，その分岐点に立っているといえるのではないだろうか。

3　持続可能な観光としてのエコツーリズムとは

本章の執筆に着手しようと思ったきっかけは，2011年6月に屋久島町議会が「屋久島町自然観光資源の利用及び保全に関する条例」案を全会一致で否決したことにある。報道や現地調査をとおしてこの状況について考えをめぐらせるたびに，改めて世界自然遺産の目的と環境保全を指向するエコツーリズムの確立を図るためには，環境保全と観光振興という間のジレンマに正面から向き合う必要性を痛感することとなった。

すなわち，立ち入り制限は環境負荷の軽減につながるため，総論としては賛同する意見が多くても，観光客の減少や損失額の見込みを数字として突きつけられると地域経済への影響を懸念する声が大勢を占めるという各論反対の状態になるのである。

この理由は，世界自然遺産とエコツーリズムというものの本来的な意味や役割が広く地域で共有されていないことも関係があるのではと推察している。屋久島で展開されているエコツーリズムは，職業としてのガイドの登録・認定制度のもとに，世界遺産登録地域をおもな対象としていることから，これらについてたとえば何らかの議論が必要になったとすれば，まずはガイドの意見が反

映される制度設計が求められる。同時に，前提として忘れてはならないのは，エコツーリズムを含む観光を成立させる4つの要素（観光客・観光資源・観光資本・地域住民）のうち，とりわけ地域の自然や文化が観光資源として訪れる者を惹きつける状態に代々保全してきた地域住民の存在である。

　すでに屋久島の観光は島内最大の産業規模になっており，立ち入り制限による影響として一時の売り上げ減少は少なからず生じると考えられる。しかし，はたして現状は持続可能なものといえるだろうか。自然環境への負荷量の増大は，徐々に進行したとしても現象として表出した後は急激な悪化をたどる危険をはらんだものであり，エコツーリズムを標榜し，世界自然遺産登録地域がおもな観光の対象となっている以上，その理念のもとに観光振興のあり方を熟議する必要がある。

　このように，環境保全と観光振興の両立を実効力あるものにしていくには，地道さが求められる一方で，早急な体制の構築を必要とする側面もある。地域住民はもちろん，エコツアーガイドをはじめとする多様な主体が一堂に会した協議に基づく合意形成を得る過程を重視するべきである。屋久島では，エコツーリズム推進法に基づく枠組み構築が模索されており，今後の動向に注目していきたい。

参考文献
市川聡「世界遺産登録後の屋久島の課題とエコツーリズムの現状」『地球環境』13，2008年。
敷田麻実「生物資源とエコツーリズム」『季刊環境研究』157，2010年。
鈴木晃志郎「ポリティクスとしての世界遺産」『観光科学研究』3，2010年。
建井順子「世界遺産推進運動と持続可能な観光——三徳山の世界遺産推進運動に関する考察」『TORCレポート』25（上），2005年。
深見聡・井出明編著『観光とまちづくり——地域を活かす新しい視点』古今書院，2010年。
深見聡・坂田裕輔・柴崎茂光「屋久島における滞在型エコツーリズム——地域住民との連携を主軸とした確立可能性」『島嶼研究』4，2003年。
真坂昭夫・石森秀三・海津ゆりえ編著『エコツーリズムを学ぶ人のために』世界思想社，2011年。

（深見　聡）

第12章

公害・環境・持続可能な開発——地域参加

　私たちが「環境問題」という言葉で語っている問題は,「公害問題」といわれていた時期があり,また今では「持続可能な開発の問題」として語られることもある。時代の変化のなかでそれぞれの言葉で語られている問題の対象及び内容には大きな変化があり,環境政策もその変化に応じて変化せざるをえない。中央集権色の強い科学立脚型で進められてきた「公害問題」への対応のシステムは,今の「環境問題」の抱えている科学的不確実性と利害関係の多様化のなかで,あるいは「持続可能な開発の問題」の要請する公平性やデモクラシーの規範のなかで,新たな活路を切り開いていかなければならない。問題が内包する価値の問題と倫理的な判断の必要性,地域依存性を考慮した時,地域やコミュニティーの果たすべき役割の重みはますます無視できなくなる。

　環境問題が我々の生活社会にかかわる問題であるとするならば,それは一人ひとりの価値観でありまた社会全体の価値観(傾向)である価値の問題を考慮に入れることはその対策を考える上できわめて重要であり,決して無視することはできない。たとえば,1970年あるいはその前後の時期は,環境問題を考える上で価値観にとって重要な変化のときであるという指摘が少なくない。1969年に人類は月に到達し,翌1970年には「人類の進歩と調和」を謳った大阪万国博覧会が開かれ,「自然を征服し利用することにより人類は繁栄し進歩する」というような世界観が極大化していた時期である。しかし同時にこの当時は,繁栄と進歩から生じる負の効果についての認識が共有されつつあった時期であるということができよう。四大公害問題をはじめとする全国各地の大気汚染問

題,水質汚濁問題,ヘドロや海域汚染問題,特に水俣病問題の悲惨な被害の状況とその原因追及や補償のための被害者と加害企業,行政との間での動向は大きな社会問題として全国民の耳目を集めた。高度経済成長として誇らしげに語られる産業化,都市化,地域開発の波のなかから深刻な矛盾が顕在化してきたのであり,この流れはその後地球規模での環境問題の認識にまで至り,繁栄や進歩と幸福との乖離の認識はその後も拡大の一途にある。

1970年前後の時期からのこの大きな流れを,「公害問題」といわれていた時期と公害という言葉が殆どつかわれなくなり「環境問題」といわれるようになった時期との間で,またその後「開発と環境」の問題として語られるようになった時代との間で,政策という視点から考えてみることとしよう。

1 公害問題から環境問題へ——価値と科学的不確実性との遭遇

(1)「環境の保全」と「環境保全上の支障の防止」:科学の問題から価値の問題へ

開発と環境に関する世界会議がブラジルのリオデジャネイロで開催された翌年の1993年には,従来の公害法体系である公害対策基本が廃止され,「環境基本法」が制定された。環境基本法では,新たな時代の環境へのニーズに対応するため,環境政策の基本的な方向性が「環境の保全」と「環境保全上の支障(の防止)」という2つの概念によって示されている。従来の公害対策は「環境保全上の支障」の防止の概念のなかに整理されており,さらに環境政策の新たな地平として「環境の保全」という政策の目的がたてられた。

「環境保全上の支障の防止」のための取り組み,それは厳しい公害問題への対応から始まった。主として産業活動からの残余物として環境へ放出される排気,排水そして廃棄物が原因となって深刻な汚染問題を引き起こし,自然を破壊するだけではなく人の健康やひどい場合には生命にまでも危害を加えるという形での環境問題であった。1970年11月に開かれた第64回臨時国会(「公害国会」)では公害関係14法案が一挙に提出され,すべてが可決成立した。これに

より公害関係法制は抜本的に整備された。また，翌年には国レベルで環境公害問題を総合的に取り扱う環境庁が総理府の外局として設置され，公害規制に関する権限の一元化が制度上図られた。

　政府の環境保全上の支障の防止のための対策，つまり公害対策の基本的な考え方は，科学的知見に基づいて設定するとされる環境基準の達成を目標として，いわゆる影響着目型のアプローチにより進められた。この科学立脚型の影響着目型の対策は，①環境基準の設定，②環境基準を達成するための規制的手法，③工場事業場等の規制対象に対する補助金や税制優遇，④下水道，工業団地などの公共事業，⑤公害防止計画などの計画の作成，⑥普及啓発等で構成される。

　一方，1993年の環境基本法において新たに政策目標とされた「環境の保全」は「社会経済活動その他の活動による環境への負荷をできる限り低減することその他の環境の保全に関する行動がすべての者の公平な役割分担の下に自主的かつ積極的に行われるようになることによって」(環境基本法第4条)行われなければならないとされている。

　ここで注視すべきは環境基本法において新たに登場した「環境への負荷」という概念である。これにより，環境問題の認識の範囲は公害の時代の「環境保全上の支障の防止」の範囲から大きく拡大され，対応すべき政策にも変化の圧力を加えている。この「環境への負荷」という概念により，環境基準を満たすだけではなく，環境基準を満たしてもなお「社会経済活動その他の活動による環境への負荷をできる限り低減すること」，あるいは環境基準が設定されていようとなかろうと環境への負荷はできるだけ小さくすることという新たな行政施策の目標がうちたてられることとなったからである。環境政策行政は，従来は「科学的知見に基づくもの」と説明されてきた「環境基準」の達成をめざして行われてきたが，「環境への負荷」の概念の登場により「できる限り環境への負荷を低減すること」を目的として推進されることとなった。それは多様な環境問題のなかで，あるいは多様な環境への負荷のなかで，どのような環境要素への負荷を重視するか，どのような負荷を優先的に削減するかといういわば科学では答えの出てこない問題，すぐれて地域の特性に左右される問題，ある

いは個人によって答えが変わりうる問題，価値付けの問題に真正面から対応しなければならないという課題をあらたに背負い込むことになったのである。

（2）汚染物質問題の質の変化　科学的不確実性と利害関係の多様化

　水俣病に苦しんだ当時の公害問題に比較すると，最近私たちが対応しようとしているいわゆる有害といわれる物質の問題は，概して次のような特徴をもっている。

　第1は，科学的不確実性がきわめて大きくなったという問題である。そのため推論や統計の必要性が増し，それを用いたリスクの概念が不可欠のツールとなりつつある。

　たとえば，影響に着目して環境基準や評価基準を設定しようとする際には，得ることのできる科学的知見がきわめて限定されているという課題にでくわす。しかも有害性が懸念される物質の種類はきわめて豊富で，それらの物質が人体に対して与える影響も多様であり，複合的な影響を含めると膨大な情報が必要になる。さらに，影響を与える汚染物質の濃度はきわめて微量であり，影響の発現には場合によっては一生涯あるいは世代を越えた長期的な観察や視点が必要とされる。一方，このような物質は一般に難分解性であることが多く，また大気中に排出されたものでも水系や土壌に移動したり，また逆に水系からの揮散，蒸散，放散により大気中に放出されたりして，人体に到達するまでに複雑な挙動を示す。したがって，環境媒体の全体をいわゆるマルチメディア的な視点から注視していかなければならないということになる。また，影響に関しては，その対象とする範囲が拡大され，健康あるいは医学的な知見だけでは充分ではなくなり生物生態の持続的存在全体に対しての総合的な知見が必要とされるようになりつつある。このような膨大な科学的知見の要求に対して実際に十分な情報を獲得することは一般に不可能であり，リスク評価専門家やリスク評価担当者が個人的裁量に基づいて設定する前提や仮定のもとでの推論の結果としての「リスク」としてようやく数値的に評価され，影響着目型の対策がすすめられているのが現状である。

このような「定量的な評価に際しての科学的な不確実性」には，人の健康へのリスク評価の場合に限ってみても，少なくとも以下のものが指摘できる。①動物実験等の毒性試験の信頼性の問題，②高濃度での毒性試験データを環境濃度等の低濃度域に外挿する際のモデルの選定の問題，③種差安全係数の信頼性，④個体差安全係数の信頼性，⑤暴露量データの信頼性，⑥大気・水・食品等への許容量の配分の問題，⑦複合的影響を無視している問題，などである。

　第2は，利害関係者が多様になったという問題である。最近問題となる汚染物質の発生源をみると，公害問題といわれていた時代の工場事業場に比較して，それが多様になり，さらに往々に小規模で分散している。大量生産・大量消費・大量廃棄と形容される社会システムのなかで，生産の過程からだけではなく，消費あるいは廃棄される過程からも排出される。このような物質は他方では近代的な生活のなかに深く浸透して役立っており，その対策を講じる際には多様な利害が絡んでくるのが通常である。このように広範に分散した発生源に対しては従来の規制的な対応は非効率的であり，利害も複雑に絡み合うので効果的な対策の見通しもたてづらく，政策行政の目標である環境基準を設定することには行政も及び腰である。このような問題に対して，便益をも考慮して社会のなかで適切に管理していけるような対策が必要であるが，そのような政策的な仕組みは未だ不十分である。

（3）価値の問題そして科学的不確実性と利害関係の多様化

　「公害」から「環境問題」といわれるようになり，私たちの議論のたて方も，対応しようとする問題の特徴もそれぞれ大きな変化があることを述べてきた。

　議論のたて方は「いかにして環境基準を満たすか」から「いかにして環境への負荷をできるだけ削減するか」へと変化してきた。それにより環境基準に代表されるような政策のプライオリティーが決められていない状況のなかで環境リスクの管理が必要とされるようになり，環境問題相互の間での選択や競合（trade-off）の問題に，さらには環境問題と他の社会的経済的価値との間での選択や競合の問題にさえも対応していかなければならなくなってきた。

一方,環境問題の質の変化は,科学的不確実性と利害関係者の多様化という特徴をもち,リスク概念を用いた推論のうえでの多様な利害のもとでの合意形成を強要することとなった。予防原則を前提とするならば,われわれは「科学的に不確実な情報のなかで今何をすべきか」という深刻な倫理的問いかけを突き付けられていることとなり,それに対する合意を形成することが先ず必要とされている。しかも,このような問いに対する回答は,地域の特性にも依存し,個人によって異なりうるものである。

 このような問題に対しては,科学的行政を標榜してきた従来の中央集権的で国の機関を中心とした政治行政のシステムでは十分な対応が不可能であるということができる。地域での文化的経験的領域を政策に組み込んでいかなければならなくなり,市民の参加やコミュニティーの役割がますます必要不可欠な要素として重要になりつつある。

2 環境問題から持続可能な開発へ──公平性と民主主義との出会い

(1) 開発政策の大きな変遷

 1980年代になって,持続可能な開発 (sustainable development) という概念が脚光を浴びるようになった。わが国でよく知られるようになったのは,World Commission on Environment and Development (環境と開発に関する世界委員会) が「Our Common Future (われら共有の未来)」を発表してからのことである。環境問題は,「開発」との関連で語られるようになった。

 「開発」という言葉のもつ意味が,南北の格差のなかでどのように変化してきたのかをたどることにより,持続可能な開発という概念のなかで環境問題を中心とした対応がどうあるべきなのかについて考えてみる。

 第2次世界大戦後に独立を達成した多くの新興諸国は,米国をはじめとする戦勝国によって構築されたブレトンウッズ体制と呼ばれる貿易,通貨,金融の制度のもとで経済的には依然従属的な状態に置かれ苦しんでいた。国際連合(以降「国連」)の場で途上国の問題が始めて取り上げられたのは1961年の「国

表12-1　開発政策に関する国際的な動き

年次	出来事
1944年	ブレトンウッズ会議―先進国による国際秩序
1961年	「国連第1次開発発展の10年」（国連総会決議）
1965年	国連開発計画（UNDP）が設立
1969年	「社会進歩と開発に関する宣言」（国連採択）
1970年	「国連第2次開発の10年」（国連総会決議）
1972年	国連人間環境会議（ナイロビ）
1973年	第1次オイルショック
1974年	「NIEOの樹立に関する宣言」（国連経済特別総会）
1979年	「エネルギー，一次産品，貿易，開発，通貨，金融を総合的並行的に検討するGlobal Negotiations」（第34回国連総会） 第2次オイルショック
1980年	「国連第3次開発の10年」（第35回国連総会）
1991年	（12月）ソ連が崩壊し，東西冷戦が終結
1992年	「開発と環境に関する国連会議」（地球サミット）
2000年	「国連ミレニアム・サミット」
2002年	「国連持続可能な開発のための教育の10年」（第57回国連総会）

連第1次開発発展の10年[*]」の総会決議の時に遡る。当時の国際社会における一般的な開発の概念は，「発展途上国が抱える問題は，経済的発展によって解決される」というものであった。同決議では，途上国が国民総所得の年間成長率を10年の間に最低でも5％に上昇させることを目的としており，そのため先進国に対し，途上国産品（一次産品）の安定した価格での輸出の拡大，外国資本による自然資源の開発利益の公平な配分，途上国への私的投資や援助の拡大などを要請している。

*http://www.nationsencyclopedia.com/United-Nations/Economic-and-Social-Development-First-UN-DEVELOPMENT-DECADE/

1970年国連総会では「国連第2次開発の10年[*]」が決議された。専ら経済的開発に重点を置いた第1次開発発展の10年で設定された経済成長の目標はいくつかの国では達成されたものの，貧困，雇用，飢餓，健康等の問題にはいずれも無力であった。結果的に60年代をとおして，先進諸国の成長率が加速され，一

方途上国の側の5％の成長目標は達成できなかった。むしろ一人あたりの所得においては先進国と途上国との間の格差は拡大し，地球上全人口の3分の2に相当する開発の遅れた地域に住む人々の収入額は世界全体の6分の1にも満たないという状況にまで悪化した。この様な反省を踏まえ，この第2次の開発の10年では，「発展の究極の目的は国家の経済成長率ではなく個人の福祉の継続的改善にあり，機会均等が国並びに個人の基本的権利であるような，より公正で合理的な国際経済及び社会秩序を創設すること」を政策目標としてあげている。ここでは貧困の問題の背景にある世界の抱えている構造的な問題への気づきがあり，分配や公正の問題に対する関心も高まり，人間を中心とした開発政策やプログラムへの移行が始まった。そのため6％の成長という経済的な目的に加えて，雇用，教育あるいは健康といった分野にも目標が設定された。このように人間が開発の中心に位置づけられる方向への変化は1969年に採択された「社会進歩と開発に関する宣言」(1969国連採択)のなかにも見ることができる。「国内の社会改革」，「国際経済関係の改善」及び「国際関係におけるあらゆる搾取の除去」が持続的かつ活発な発展の条件であるとされている。また，1972年には経済的開発の影の部分にあった環境問題に関する初めての政府間会議である「国連人間環境会議」がストックホルムで開かれた。「人間環境宣言」が採択され，国連環境計画（UNEP）の設立もこの時に決定された。しかし，同宣言の起草の段階での議論をみると，依然として経済的な開発が先進国においてだけではなく途上国も含めた主要な関心事であり，環境問題といえども経済的な開発の問題の陰に追いやられかねない状況であったことがうかがわれる。当初の第1次草案では「開発計画立案のもっとも初期の段階においてさえも（環境の保護及び向上の措置への）配慮を必要とする」という条項がまずあって，そのうえで「環境政策と開発計画との調和」について述べられていたものが，第2次草案以降ではまず「経済及び社会の開発」の不可欠性が無条件に打ち出され，環境上の問題は「開発により，かつ，開発の過程でもっともよく救済することができる」という考え方に変更されたことが報告されている（都留，1972）。しかし，長期的な視点で眺めると，1970年前後の時期は一つの重要な

転機の時期であったということができる。それまで経済投資の対象としてしか捉えられてこなかった人間が開発発展の中心としてクローズアップされはじめた兆しが見られるからであり,「都市型」「大規模型」「最新技術を用いた工業化」「トップダウン方式」という言葉で代表されるような開発協力の形態が,人間の基礎的なニーズ（BHN）の充足に傾斜した「個人人民の参加による社会的経済的国内構造の変革」「コミュニティーアプローチ」「ピープルアプローチ」といった言葉で表現されるような形態へと変化しはじめたからである。結果的には，1970年代においても，先進国主導の経済的秩序や貧富の格差を解決することはできなかった。OPECのカルテルやオイルショックといった資源ナショナリズムを背景とした途上国の側の攻勢は，一次産品を産出する途上国側の発言権を増大させ，より公正な世界経済システムの樹立（NIEO）[***]についての国際的な議論の契機は作ったものの，具体的な成果を得るには至らなかった。

　＊http://anewmanifesto.org/timeline/unated-nations-secondnd-development-decade/
　＊＊http://www2.orchr.org/english/law/progress.htm
　＊＊＊1974年4月の国連経済特別総会では「NIEOの樹立に関する宣言」と「NIEOの樹立に関する行動計画」とがコンセンサス採択された。国家間の公平と平等の理念を基礎として，天然資源についての途上国の主権と新たなそして資源に恵まれない途上国への連帯や援助を含むより公正な世界経済システムを志向したもの。しかし，失敗に終わった。

　1981年から始まる「国連第3次開発の10年」[*]においては，開発発展の究極的な目的は「全住民の開発過程への完全な参加とその利益の公正な配分とを基礎とする個人の福祉の継続的な向上」という新鮮な認識が述べられている。そこでは，新しい国際的な経済秩序の創設への決意が述べられ，経済的目標とともに，食糧，エネルギー，交通，環境，居住，社会開発など多様な分野での政策がとりあげられている。しかし，結果的に1980年代は「失われた10年」といわれるほど開発にとっては成果に恵まれない時期であった。世界の貧富の差は大きく拡大した。石油のだぶつきと世界不況によって途上国の交渉能力は喪失し，一次産品価格の下落と途上国間での利害対立により途上国側での団結力も弱体

化した。そのため資源ナショナリズムも生産者カルテルも影を潜めることとなった。途上国の主張は NIEO の経済的な主張から「発展の権利***」による人権的な主張へと変化するようになった。

 ＊http://www.nationsencyclopedia.com/United-Nations/Economic-and-Social-Development-Third-UN-DEVELOPMENT-DECADE
 ＊＊1986年の国連総会では「発展の権利に関する宣言」が採択された。発展途上国の経済的な窮状を改善しようとする NIEO に代表される多様な挑戦が失敗に終わり、国としての経済的な主張ではなく個人の人権に視点を移した「発展の権利」を格差是正のための戦略的な主張として用いた。

1990年には「国連第四次開発の10年*」のための国際開発戦略（IDS）が国連でまとめられた。発展途上国の経済的成長を加速化するとともに、「社会的ニーズを満たし、極度の貧困を削減し、人々の能力と技を開発使用し、環境的にも優しく持続的な開発過程を生み出す」ことを目標としている。しかし、1991年12月にソ連が崩壊し、東西冷戦が終結すると、開発戦略の策定の際の前提条件が大きく変化し、市場原理主義・新自由主義が世界各国へ拡大していくこととなり世界経済はますます単一化に向かうこととなった。そのようななかで、地球規模での環境問題に対する危機感と認識が高まりリオデジャネイロで「開発と環境に関する国連会議」（地球サミット）が開催（1992）され、持続可能な開発の概念が中心的な理念となった。環境と開発の統合をめぐる動きはさらに加速され、2000年国連ミレニアム・サミット（147の国家元首を含む189の加盟国が参加）では、21世紀の国際社会の目標として国連ミレニアム宣言が採択された。そこでは平和と安全、人権と良い統治などと並び「開発と貧困」、「環境」の問題が21世紀に向けての課題として掲げられ、ミレニアム開発目標（Millennium Development Goals：MDGs）**が設定された。また、これら目標の達成のためには先進国の ODA を GDP 比0.7％に拡充することの必要性が指摘された。

 ＊http://www.nationsencyclopedia.com/United-Nations/Economic-and-Social-Development-FOURTH-UN-DEVELOPMENT-DECADE
 ＊＊http://www.undp.or.jp/aboutundp/mdg/mdgs.shtml

 さらに2002年国連第57回総会では「国連持続可能な開発のための教育の10

年」が採択された。2005年からの10年間を国際的な規模で「持続可能な開発のための教育（ESD）」に関する活動の推進に努力する期間として合意された。また，2010年に名古屋で生物多様性条約第10回締約国会議が開かれたが，遺伝子資源の帰属の問題をめぐって，南北の間での議論が対立したことも記憶に新しい。

（2）開発政策と環境政策：公平性とデモクラシー

　国連における開発政策についての考え方は，1960年の「発展途上国が抱える問題は，経済的発展によって解決される」から，「発展の究極の目的は国家の経済成長率ではなく個人の福祉の継続的改善にあり，機会均等が国並びに個人の基本的権利であるような，より公正で合理的な国際経済及び社会秩序を創設すること」(1970)，「全住民の開発過程への完全な参加とその利益の公正な配分とを基礎とする個人の福祉の継続的な向上」(1980) と変化し，1992年の地球サミットでは「持続可能な開発」の概念が提示された。そして，2002年には「持続可能な開発のための教育（ESD）」の必要性が認識されるにいたった。

　この変化のなかで，確認しておかなければならないことがいくつかある。一つは，ロストウ*に代表される伝統的な西欧型の発展モデルや近代化論に対する反省や懐疑を背景とし，1970年代になってたとえば内発的発展論（鶴見和子ほか，1989）のような新しい発展のシナリオが描かれ始めたことである。伝統的な発展のモデルでは，「南」が「北」にキャッチアップしていくシナリオが描かれているが，結果的にはかえって格差は広がってしまった。内発的発展論は，西欧社会型の発展，あるいは GNP という指標に代表されるような国を単位とした発展とは違った発展があると考えることから出発している。発展が，個人として，また社会的存在としての人間の発展であるとするならば，それはそれぞれの社会の内部から発現するものでなければならないというところに基礎をおく考えである。国の経済が潤えば国民が潤うという，いわゆる tricle-down 理論に乗っかったトップダウン方式でマクロ的視点での開発政策に代わって，一人一人の個人を対象としたミクロな視点での開発政策に変化すべきであると

するのである。「持続可能な開発のための教育」の考え方につながる。

> ＊ロストウ（W. W. Rostow）の経済発展理論。発展段階は，第1段階（伝統的社会），第2段階（離陸先行期），第3段階（離陸期），第4段階（成熟化）及び第5段階（高度大量消費）にわけて説明されている。

　今一つは，持続可能な開発の概念の登場により，民主的で公平を求める規範が一層重みを増したことである。産業公害時代の工場と周辺地域住民という限られた関係者の間での利害対立の問題から，誰もが加害者でありうる問題でしかもまた誰もが被害者になりうる問題へと，南北間での公平の問題であり将来世代との公平の問題へと変化してきた。つまり限定のない範囲での公平の問題を議論することが必要になった。

　さらに今一つ指摘しておかなければならないことがある。それは，環境の問題はもはや，単独の環境問題を取り出して環境への負荷の削減目標や方法だけを議論することでは済まなくなったという事実である。温暖化問題も，生物多様性の問題も，開発の問題の枠組みのなかで議論しなければ意義を見出しにくくなりつつある。環境問題が開発問題に，より正確に言うと持続可能な開発の問題に呑みこまれつつあると表現することもできる。

3　科学的不確実性，利害関係の多様化 そして格差のない公平性

（1）政治行政の限界と行政と市民との新たな関係へ

　公害問題から環境問題へ，そして持続可能な開発の問題へと認識が変化してきたなかで，今私たちの解かねばならない問題が「科学的不確実性と価値」，「利害関係の多様化複雑化」，そして「公平性と民主主義の要求」といった特徴をもっていることをみてきた。そのような問題はいずれもが個々人の選択や関与に関係するものであり，地域依存性をもつものである。しかもその個々人の関与から始まる問題は貧困や南北問題といった地球レベルでの関係性にかかわる問題でありまた資源環境的にはマクロな地球的制約のなかで地球規模での行

為の協調のなかでしか解決できない問題ででもある。

　温暖化問題を例に考えてみると，それは長期的な視点からの社会の変革を必要としている問題でもある。つまり，地球の制約を考慮しながら，民主的な過程のなかでそれぞれの地域から長期的な将来の街づくりを考えていくことから始められなければならない課題なのである。このような問題に対して，従来の政治や行政のシステムでは効果的な対応の手段を講じていくことは困難であり，これまでとは異なる政治行政と市民との関係の創出が重要な課題となる。

　また，従来の政治行政では，温暖化問題のような長期的な視点からの変革を伴う政策形成が必要な問題には十分に対応できそうにない。その理由は，先ず第一にわが国では，漸進的（incremental）な政策形成が主であり革新的かつ長期的な戦略に基づいた政策形成の経験が乏しいことである。「長期」と名付けられたものの多くもせいぜい10年程度の期間の計画が多く，右肩上がりの時代の名残であり，過去のトレンドと政策の延長線上で，無謬性を前提として作成されたものが主流であり，戦略的批判的に将来を見通して変革していこうというものはきわめて稀である。第二に，伝統的に合意（コンセンサス）を重視する官僚社会では「科学的不確実性の存在のもと」で他の社会経済的な活動に制約を加えたり，社会を変革する必要があるような政策について合意形成するための各省共通の規範も手段も持ち合わせていないことである。科学的不確実性を排除することのできない問題などについては国際関係や会議における何らかの意思表明や何らかの国際約束をする必要があるような外圧によってしか政府部内での新たな地点までの合意が形成されるためのエネルギーが沸いてこない。

　一方で，政治主導に期待しようとしても，政治家一般は現状では変革に対して保守的にならざるを得ないし，選挙の任期期間を超えるような長期的な課題には一般的に無関心な傾向が指摘されている。

　また，これまでの行政の一つの限界としては「無謬性」と「公平性」の問題も指摘することができる。「無謬性」は，所属する機関の正しさと権威を尊重する意識や風土であり，それは政策を保守的にし，前例踏襲型あるいは科学立脚型の方向へ向かわせる。地域依存性が強い問題や価値観に関わる問題の解決

の際には対応を消極的にし，臆病にさせる。また「公平性」は，それを担保しようとすることが，意図的ではないにせよ行政の不作為を産み出すことにつながりがちである。何もしないことの口実として用いられる頻用語である。東日本大震災の後も行政の対応の遅さに対する不満が募っている。大きな行政組織，あるいは自治体になればなるほど公平性を確保することは困難になり，意思決定が遅れ結局は機会を失してしまうこととなりがちである。切迫した問題の場合，コミュニティーは自力で問題を認識し，解決せざるを得なくなるのである。これらは行政内部だけのものなのではなく，私たち全体のなかに残る文化的な傾向でもある。少なくとも前例踏襲型，科学立脚型で啓蒙的手法を得意とする従来の政治行政と市民の間の関係には新しい関係の構築への努力が必要なことは明らかである。今問われているのは科学的でない部分に対する対応のあり方であり，科学に立脚できない部分，科学的不確実性にいかに付き合っていくのかを考えることが一層必要なのである。

　以上のような政治や行政の現実を直視すると，行政の情報公開を一層進めることをはじめ，今までの政策形成システムを変革あるいは補完できるような利害関係者を含む創造的な議論の場を活性化していくことが必要であるといえよう。「参加」である。充分な情報の共有に基づく熟慮と公開の討議による篩にかけられたうえでの公共的価値判断を実現しうる場を活性化していかなければならない。

（2）公共性と参加

　公共性への関心は，たとえばハンナ・アレント（1973）の直接民主主義的なポリス的公共性，ユルゲン・ハーバーマス（1973）の公開の議論がなされる空間についての市民的公共性などの議論を踏まえて，自律的個人により形成されるアソシエーションに媒介された自律的公共性の主張へと高まってきた。そこでは，近代的機能主義的で成果を志向した目的合理的な行為に代わって，相互の主観性を尊重し個人同士の間での了解を志向した行為としての「参加」が主張される。ロバート・A・ダール（2001）は参加，つまり民主的な手法が他の

方法より優れている点として，本質的な諸権利の保証，道徳的責任への自律（無関心の回避），人間開発，政治的平等の実現等8点を挙げている。ウェブラー（Renn and Webler, 1995）はハーバマスの観察を踏まえ，環境問題をめぐる市民参加の具体的なモデルについて考察している。彼によれば「公正さ」と「機能性」を具有した対話のプロセスが必要であり，公衆参加は「特定の課題の解決や意思決定に関して政府，公衆，利害関係者やビジネスの間でコミュニケーションを活発化させるために組織される交流のためのフォーラム」と定義されている。アーンスタイン（1969）による「参加の8つのはしご」は主権者たる住民が意思決定の主体であるべきであるという考え方を参加の果たすべき基本的な機能として主張したものである。

松下圭一（1996）は，わが国における歴史的な農村型社会が戦後の半世紀で大衆型であり都市型の社会に変貌したことを指摘し，自治体の政策責任や市民の自治意識を涵養していく意味でも，官治・集権から市民参加や情報公開などを基調とした自治・分権への転換が緊急の課題であるとしている。坂本義和（1997）は，権力が絶対化された時代から，いまや相対化の時代に移行しようとしており，こうした相対化の時代には，参加により多様な意見を尊重しあうことにメリットがあることをあげている。今井弘道（1998）は戦後社会で専門家と一般市民，生産者と消費者等の間で拡大した情報格差の解消が今後の大きな課題であると指摘し，参加により①情報の交換を活発にし，②自身の利益を守り，③地域の個性や活力を作り出し，④個人の自発性や自立性を養成すると述べている。井上達夫（2001）は，参加により，他者を受容でき，個人権が確立され，情報交換が活発化されることを指摘しているし，市民の民主的な能力の育成に貢献することも重要である。ここまでの考察や今まで見てきた多様な参加についての議論をもとに，幅広い参加のもつ意義あるいは参加により社会にもたらされることが期待される効果を整理してみると以下のようになろう。

第一に，参加は主権者である国民の意見を意思決定に反映する機会を実質化し，人々が直接政治に関わることにより価値観や嗜好を表現するとともに権利利益を保護する機会を提供する。これにより多様な意見が公正に尊重され，地

域の個性が尊重され，権力の独裁や腐敗を防ぐことも期待できる。

　第二に，人々の学びと自己開発の機会を提供する。参加は情報の交換と共有を可能にし，人々は共通点を見つけ出し，また利害の直接的な対立についても理解する機会になる。多様性と相互主観性についての気付きの場である。環境問題の解決に際しての一つの規範である公平性を具体化する基礎となる。さらに，住民の環境汚染問題への主体的な取り組みへの意欲を掻き立て，意識の向上と科学的情報の共有化をも促し，政策への理解と自主的な取り組みの推進に大きく貢献することが期待される。

　第三に，社会のなかでの信頼関係強化の機会を提供する。参加による合意形成や意思決定の過程で，双方向のコミュニケーションによる確かめ合いを可能にし，透明性を向上させる機能を果たす。これは，行政や利害関係者等への信頼あるいは連帯感を育成することに貢献し，環境問題の解決にも寄与する。さらに，地域での関係作りを促進し，ひいては地域の活性化のための基盤を育成することへの貢献が期待される。

（3）参加の意義を拡大するための条件

　欧米では民主主義の伝統を背景として，環境分野においても幾多の参加や公衆関与制度の経験がある。

　伝統的な参加制度の一つである公聴会（public hearing）については，たとえば Hadden（1989）は，公聴会が往々にして意思決定過程の適切な時期よりも後になって実施されること，意見を表明できる市民がきわめて限定あるいは制限されること，法律等にある公聴会の規定を義務的に満たすことだけを目的として実施されることが多いことなどの問題点を指摘している。Checkoway（1981）は，公聴会に至るまでの過程の貧弱さ，情報の乏しさとあまりにも技術的な内容のプレゼンテーション，経済的利害関係者の関心へ結果が偏向しがちなこと，政策に与える影響のきわめて小さいことなどを指摘している。T. Webler と O. Renn（1995）は，参加制度における問題点や留意点として，結果はすでに決まってしまっているようないわば懐柔のための参加，政策決定の

際の公衆の関心・経験・嗜好などに対する認識の不足，公衆の公的な機関に対する不信感，そして合理性の議論における価値の不一致を指摘している。市民は環境分野での意思決定は技術主義にすぎると非難し，また専門家の側では公衆の非合理性に不満を訴える。Sheila Jasanoff（1998）は，われわれの社会の抱えている最大の挑戦の一つとして知識と信頼，参加及びコミュニティーを育てて行くような社会的仕組みを確立することの必要性を指摘している。

また公衆参加に対する疑念は，現実的な場面で生じる諸問題をどのように解決していくことができるのかという次元で生じる。たとえば，Ortwin Rennら（1995）は，公衆は環境や健康や資産に対して絶対的もしくは十分な保護を期待すること，公衆関与は資産への環境被害や影響を悪化させることもありうること，早期からの公衆関与は規則制定の効率性という目的からみると好ましいものではないこと，異なる価値観や好みをもつ多様なグループで構成される公衆が合意に至ることはたやすいことではないこと，参加は衝突の機会を拡大することにつながりうることなどを指摘している。

以上みてきた議論から公衆参加制度を実りあるものにしていくために必要な条件や留意点を整理してみると以下のようになる。

① 懐柔のための参加や法文上の義務を果たすための参加ではなく意思決定の過程に実質的に参加できる制度とすること
② 意思決定の結果への責任の所在を明らかにしておくこと
③ 決定や判断のための科学的基盤を十分に提供共有すること
④ 異なる価値観や好みをもつ多様なグループで構成される公衆が合意に至るためのルールや手続が整備されること
⑤ 特定の団体にかたよったり，意見を表明できる公衆が制限されたりすることのないよう参加の機会の公平性を確保すること
⑥ 公衆やコミュニティーを育てて行くような社会的仕組みを拡充すること
⑦ 相互の間での不信感の存在や価値観，関心の在処，経験，嗜好などに対しての認識の不足がないよう配慮すること

である。

そして，何よりも市民の側での参加への意欲が十分でない場合にはどのような参加の仕組みも実りある成果には結びつかない。そのような意欲ある市民層を拡大していくための学びの場としても「参加」がある。ここでの課題を克服していけるような仕組みとプロセスを確立していく努力とともに，学びの場としての参加は意識的持続的にその機会が作られていかなければならないのである。

3　今後の実践のために

わが国の環境政策においても，特に地方自治体のレベルで市民の参加についてのニーズや実績は高まりつつある。長崎でもいくつかの場づくりの試みがなされてきている。長崎県地球温暖化対策協議会とその活動の一環としての市町レベルでの協議会活動の立ち上げと推進，長崎市における地球温暖化対策実行計画協議会と市民エコネットの活動などはそのような場作りの例である。

今後の課題は，環境問題につながるネットワークの輪をどうすれば一層拡大していくことができるかという問題である。ダールのいう道徳的責任への自律（無関心の回避）をどのようにして実現していけるのか。その問いは同時に環境問題に関心をもつ私たち自身に対して環境問題の外にある平和や福祉や差別その他の問題に対する無関心を警告している。異なる分野に関心をもつ者相互の間での互いの気づきとつながりの輪の問題なのである。このような市民の抱えている問題に対して，行政の側においても縦割りと揶揄される組織構造のなかで異分野とのつながりの意味を評価し，受け入れるための機能の拡充が望まれる。経済的な効率性と結果ばかりを求めがちな社会から，多様な価値を承認し，相互主観性を大切にすることのできる社会へと発展していかねばならない。行政はそのような長い視点から市民の学びと気づきの場に対する支援を持続的に実施していくことが必要とされる。

開発政策は，単なる経済的な発展から，人間の発展を基礎に置くことへと変化してきた。人間が発展するには地域が必要で，一人ひとりの人間の活動を通

して地域の内部から湧き出てくる要求から発展してゆくべきだと考えられる。個人個人がつながりあった地域が単位としてあり,個人の発展から出発して,その集合体としての地域が問題に対処し変化発展していく。それは,開放的・重層的に他の地域へ,概念的に上層にある地域へと影響を及ぼしていく。「Think Globally, Act Locally」の実践である。

参考文献

アレント,H.,志水速雄訳『人間の条件』中央公論社,1973年。
井上達夫『現代の貧困』岩波書店,2001年。
今井弘道『「市民」の時代』北海道大学図書刊行会,1998年。
坂本義和『相対化の時代』岩波新書,1997年。
ダール,R. A.,中村孝文訳『デモクラシーとは何か』岩波書店,2001年。
都留重人「『国連人間環境会議』準備過程での問題点」『公害研究』1(4),岩波書店,1972年。
鶴見和子他『内発的発展論』東京大学出版会,1989年。
ハーバマス,J.,細谷貞雄・山田正行訳『公共性の構造転換――市民社会の一カテゴリーについての探究』未来社,1973年。
松下圭一『日本の自治・分権』岩波新書,1996年。
Arnstein, S., "A Ladder of Citizen Participation", *Journal of the American*, 1969.
Checkoway, B., The Politics of Public Hearings, *Journal of Applied Behavioral Science*, 17, No. 4, 566-582, 1981.
Hadden, S., *A Citizen's Right-to-Know : Risk Communication and Public Policy*, Westview Press., 1989.
Renn, O. and Webler, T., *Fairness and Competence in Citizen Participation*, Kluwer Academic Publishers, 2, pp. 17-33, 35-86, 1995.
Sheila, J., "The Political Science of Risk Perception", *Reliability Engineering and System Safety*, 59, 91-99, 1998.

(早瀬隆司)

第13章
環境政策学と環境倫理

　　　　従来の科学研究の枠組みにおいて倫理学は文系のなかの人文科学に位置づけられるが，その出自をたどればむしろ自然科学に近く，今日盛んに講じられる応用倫理学も自然科学に傾き，同じ文系である社会科学系と連携する機会が少ない。けれども科学技術社会論から提示されている社会技術の考え方を踏まえれば，環境問題に対する社会技術的なアプローチは自然科学・社会科学・人文科学のいずれからも可能であり，これに併せて CSR から要請のあるステークホルダー・マネージメントと世代間倫理を結合すれば，社会科学に属する環境政策学が広い意味での「環境倫理」と提携するのは可能だと思われる。

1　哲学・倫理学と環境政策学とのすれ違い

　科学研究を文系と理系に二分したうえで，おおざっぱに文系を人文科学と社会科学，そして理系を自然科学と同一視すれば，哲学・倫理学は人文科学に，そして環境政策学は社会科学に属するということができる。人文科学と社会科学が同じ文系分野に属することにかんがみれば，哲学・倫理学はすんなりと隣接する環境政策学と手を結んで活動できるかに見える。

　けれども哲学・倫理学はその出自からして文系はおろか人文科学よりも自然科学と親近的であり，その傾向は応用倫理学の台頭に伴って，むしろ加速すらしつつある。環境政策学に近いのは科学哲学の流れをくむ科学技術社会論の方だが，こちらは重大な倫理的な問題を政策学にまかせるきらいがある。哲学・倫理学をめぐるこうした状況を総合的に判断して，応用倫理学に含まれる環境倫理学で提唱される世代間倫理と，科学技術社会論の提起する社会技術の観点

を結合して，環境政策学における広い意味での「環境倫理」の使命を模索してゆきたい。

なお哲学と倫理学には大きな違いはないものの，具体的な問題に取り組む場合は「倫理学」を標榜することが多いので，無用の混乱を避けるため以下ではなるべく「倫理学」のみを話題にすることとする。

2　文学部における倫理学の特異性

先に述べたように，今まで倫理学は人文科学のなかで位置づけられてきた。人文科学を研究する大学機関は通常だと文学部（ないしは人文学部）であり，そして文学部の伝統的な区分は通称「哲・史・文」と呼ばれ，哲学科のなかに倫理学が置かれていた。これは倫理学のスペシャリストを養成するいわゆる旧七帝大などの大学において今でも踏襲されている。

なるほど現在多くの文学部には「哲・史・文」のみならず心理学や社会学も設置されているのだから，この伝統的な区分はすでに時代遅れだと見る向きもあるが，旧七帝大に属する大阪大学の文学部の分野の区分は依然として「哲・史・文」であり，他方で心理学と社会学は三区分の学問よりも実験的な色彩が強い分野として教育学とともに人間学部に置かれている事情を考えれば，倫理学は伝統的な「哲・史・文」における純然たる文系分野として受け取れるように思える。

けれどもこれはあくまでも近代日本の大学事情によるものであって，倫理学発祥の地である古代ギリシアに目を向ければ，まったく事情が変わる。西洋倫理思想史上はじめて倫理学を書名に付したアリストテレス（Aristoteles）は，倫理学のみならず多くの自然科学的分野に通じており，『自然学（Physica）』に続いて超自然的な事象を取り扱う『形而上学（Metaphysica)』を著した事情を考慮すれば，哲学の代名詞である「形而上学」を論じるためには，その前に「自然学」を究めなければならないとされたのである。参考までにここで少し倫理学を離れて，広く著名な哲学者の足跡を見ても容易に知られる。近世哲学

者の祖とされるルネ・デカルト（René Descartes）は解析幾何学の提唱者であり，近代哲学で重要なイマヌエル・カント（Immanuel Kant）とエドムント・フッサール（Edmund Husserl）のもともとの専門はそれぞれ物理学と数学だった。

こうしてみると倫理学は人文科学の分野のなかでは突出して自然科学と親近的だということがわかる。それゆえ20世紀後半において応用倫理学が台頭するのも，倫理学において科学技術に対する関心がたえず持続していたからだと考えられる。このような理系分野に対する親近性は，一部の分野を除くと社会科学にも見られない特徴だと考えてよい。

3　応用倫理学とは何か

（1）生命倫理学

一般に倫理学とは善や正義といった抽象的な価値を論じる学問であり，こうした価値は社会的に重要であるものの，倫理学自体が具体的な社会的問題に取り組むことは20世紀前半までほとんどなかった。けれども20世紀も後半になって，伝統的な倫理学の議論では処理しきれない科学技術の問題が取り沙汰されるようになり，倫理学は応用倫理学という新たな衣をまとって社会的問題に取り組むようになった。

20世紀後半で問題になった科学技術として誰でも何よりも先に思い浮かばれるのは，核開発およびこれに関連する原子力の平和利用だと思われるが，応用倫理学が最初に取り組んだのはこの問題ではなく先端医療の分野であり，この研究が長じて後に生命倫理学と呼ばれるようになる。生命倫理学は今なお応用倫理学を代表する分野なので，これが成立する経緯を多少くわしく説明しておこう。

生命倫理学についてしばしば重大な発言を行っている小松美彦によれば，「生命倫理学」（バイオエシックス）という語自体は，免疫学者が1970年に発表した論文のなかで環境・人口・食糧問題を解決するための用語として考案され

たものだという。こうした学問は後述する環境倫理学に他ならないのだが、この「生命倫理学」の意味内容はほどなくして、1971年に創設されたジョージタウン大学・ケネディ倫理学研究所が編纂した「生命倫理百科事典」にとって代わられる。この本では生命科学と医療の全般にわたる倫理的検討といった、今日の生命倫理学で問題とされる事項が枚挙されている。こうした生命倫理学の急速な台頭の背景には、70年代前後以降になって臓器移植や生殖医療といった先端医療が急速に発展したことがあるといわれている。

こうした科学の発展に人類が対処すべき手立てとして構想された倫理的検討には2つの見方があると小松はいう。1つは、わが国でも広く知られているアメリカの60年代に起きた公民権運動の流れを重視するものである。周知のように公民権運動はアフリカ系アメリカ人の権利運動からはじまり、先住民の権利運動、ウーマン・リブ、消費者運動へと拡大し、1973年の「患者の権利章典」に結実すると考えられる。もう1つは、人体実験批判の歴史に焦点を当てるものである。つまり第2次世界大戦後明らかになったナチス・ドイツによる人体実験の非道徳的蛮行の反省に立ったうえで、後にインフォームド・コンセントとして知られるようになる「被験者の本人同意」を定めたニュールンベルク規約を重視する見方である（小松，2002，37-38頁）。これら2つの見方はそれぞれが重視する歴史的背景を異にするものの、自己決定論を重視する点では一致しており、それゆえ自己決定論こそが先端医療の暴走を阻止する生命倫理学の一大原理と考えてよい。

（2）環境倫理学

けれどもまさしくその自己決定論が、環境倫理学の考え方と原理的にまったく対立することに注意しなければならない。

わが国に応用倫理学を導入したパイオニア的存在である加藤尚武によれば自己決定論とは「判断能力のある大人なら、自分の生命、身体、財産などのあらゆる〈自分のもの〉に関して、他人に危害をおよばせない限り、たとえその決定が当人にとって不利益なことでも、自己決定の権限をもつ」（加藤，1997，5

頁。一部表現を変更）ものだが，これらの規定がことごとく環境倫理学の原理に反しているのである。つまり，生命倫理学が現在感じている患者の苦痛の除去に関心を有するのに対して環境倫理学は将来世代の権利を配慮するし，また脳死判定をするにあたって人格と非人格の線引きを図る生命倫理学に対して環境倫理学は人間以外の存在者に権利を賦与しようと試み，生命倫理学と違って環境倫理学は個人よりも人類ないし生態系の維持を優先するからである（加藤，1991，81-82頁）。

　このように環境倫理学と対比すると，生命倫理学の原理がきわめて個人主義的な傾向が強いことに気づかされるが，自然中心主義，ディープ・エコロジー，動物の権利論および土地倫理などを主張する環境倫理学も自然科学系寄りの主張をするのだから，後述する世代間倫理の主張を除けば，生命倫理学と環境倫理学のいずれの分野に傾いても倫理学は自然科学と同様，ともすると社会的な接点を見失いがちになるように思える。

　けれども少なくとも自然科学研究には社会的問題に直面しないわけにはいかない状況がある。マンハッタン計画に象徴されるように，社会的影響を考えずに原子力開発を研究し続ければ，場合によっては人類を破滅に導くことを自然科学研究者は思い知ったからである。この自覚は技術者ないし研究者の社会的責任といいかえられるだろう。この社会的問題を強調すれば，倫理学は自然科学と社会科学を結びつける視座をとりあえずは提供するかに見える。このことを工学的立場から主張するのが，工学倫理ないし技術者倫理である。

（3）技術者倫理

　原爆の開発とまではいわないまでも，科学技術開発が結果的に人間に危害をもたらした例はあまたある。2度にわたったスペースシャトルの事故は多数の乗組員の命を奪い，三菱自動車が製造した大型車のハブ破損で歩道通行中の母子が死傷した事件も記憶に新しい。注意すべきは国家プロジェクトの起こした事故であるがゆえに前者の責任がアメリカ合衆国に求められ，後者の責任はリコール隠しの件も含めて社長・会長級クラスの経営者に帰せられたという点で

ある。問題を企業に限定すれば，製造した商品が事故を起こした場合，製造した技術者は商品を購入した消費者のみならず，技術者の勤務する企業にも損害をおよぼすという社会的責任を負わなければならず，それに見合った倫理性が求められるのであり，その求められる倫理が工学倫理ないし技術者倫理と呼ばれる。

ここでは技術者倫理として6段階モデルを紹介したい（日本技術士会環境部会，2000，23-24頁）。倫理の6段階はそれぞれレベル1の専門職以前とレベル2の専門職とレベル3の原理を指向する専門職に3別され，それぞれのレベルが2段階に分かれる。

レベル1の段階の技術者は自らの行動が自らの利得のためだと考える立場から出発し（第1段階）「よい子」であれば何か利得を得られると認識するようになる（第2段階）。この段階の技術者の倫理的意識は自己向上の意欲に依存しているので，専門職としての具体的な倫理的規範が何であるかを知っていない。

レベル2において技術者は，企業に忠実であることを最大の倫理的関心事とする。協力すれば必ず見返りが得られることを意識するようになった技術者は，自らの行動が社会や環境にどういう影響を与えるかを考えようとしない（第3段階）。けれどもやがて技術者は，自らの帰属する企業が専門職業の一部をなし，その企業が社会的な貢献をなしていることに気づくようになる（第4段階）。ただしここではまだ技術者の関心事は企業への忠実心にとどまり，社会における自らの役割までは認識しない。

レベル3に到達して技術者はようやく，一般の公衆の福利のための業務をなすという自覚に到達する。それゆえ企業における技術者の行動が広く社会に妥当する通念と合わない場合，社会の価値観を優先するようになる（第5段階）。そこから技術者はさらに進んで，公正と公平および同じ人間としての意識に基づく普遍的なルールにしたがうようになる（第6段階）。

このように6段階の技術者倫理の進展を概観すると，これらの倫理的規定が技術者のみならず，企業で働く技術者以外の従業員にも必要なものだというこ

とに気づかされる。それゆえ技術者倫理は自然科学の研究者に対する倫理的なガイドラインであるにとどまらず,広く企業倫理として通用するものだと考えられる。ここで自然科学研究と切り結んだ倫理学は,広く社会的分野にまで達したということができよう。

けれどもここで言われる技術者倫理は,先ほど生命倫理学との対比で指摘された環境倫理学の特徴をなす自己決定論の見直しや世代間倫理の問題に踏み込んだとはいえない。つまり社会や環境に配慮する消極的な倫理であっても,環境的正義を構築する積極的な倫理を提示しないままになっている。このことは応用倫理学そのものがもつ限界だと考えられる。

そこで視点を応用倫理学から科学哲学に由来する科学技術社会論に転じてみよう。ここで環境倫理の具体的な姿と,文理融合的な社会技術の使命を確認することができる。

4　科学技術社会論から社会技術へ

(1) 科学技術社会論

科学技術社会論はまだ聞き慣れない語だが,科学哲学より派生した学問分野である。科学哲学は20世紀前後における非ユークリッド幾何学と相対性理論の台頭とともに,これまで不動の体系と見なされてきた科学理論が実は歴史的・社会的に裏付けられたものだとする哲学である。もう少し具体的に言えば,トーマス・S・クーン (Thomas S. Kuhn) が科学理論は突然革命が起こったようにパラダイムが転換すると主張するのに対し,ウィラード・v・O・クワイン (Willard van Orman Quine) は科学理論には改訂の容易な部分と困難な部分があるというが,多少の程度はあれ科学理論に変動があるという点では一致している。この見方により科学の真理は即自的な存在ではなく,科学者共同体による合意に基づくという見解が導かれる。

科学技術社会論も,科学哲学の主張する理論の社会的性格についての考察を発展させている。その代表的論客である藤垣裕子によれば,科学者集団は学会

で論文を発表し，査読を通じて論文が各専門雑誌に掲載されるプロセスをたどる，ジャーナル共同体というべき性格を有している。そこでは自分の発表する発明や論文が市民社会のなかでどのように受容されるかがまったくといっていいほど考慮されていない。

　他方で市民社会において問題となるのは，市民と行政と企業とで構成される公共空間において判断基準となる知識が何であるか，である。たとえば水俣病問題を解決するためには，病気の原因を特定するための厳密な検証よりも，被害を最小限に食い止めるための疫学的措置が公共空間で重大な関心がもたれる。しかしジャーナル共同体においてはこの関心が省みられないので，いわば「科学的合理性」と「社会的合理性」が正面衝突してしまう。こうした事態を回避するために科学技術社会論が用意する処方箋は，科学者と市民社会の双方の側から妥当性境界を調整することである（藤垣，2003，13-120頁）。

　けれども科学技術社会論には，環境倫理になじまない特質が2つある。1つは一般に市民社会で関心がおよぶのが市民の健康維持といった短期的な視野に基づくもので，短期的に見れば問題ないが長期的に見て深刻な事態を引き起こすという，環境問題特有の問題状況がフォローされない可能性が残ることである。もう1つは，市民社会のうち安心安全を保証する側として行政をクローズ・アップすると，科学者集団と市民社会の合理性の対立は科学者集団と行政の対立の問題に置き換えられるが，そうなると立場は違うが専門家集団同士の対立という，一般市民には分かりにくい問題状況が生じるということである。ふたたび水俣病問題を例にすれば，原因物質の特定化については株式会社チッソと厚生省とでは利害関心が異なるものの，医学的・薬学的専門教育を経た者により追及される点では同様であり，両者の間で決定される事項は一般市民に分かりづらいものになりかねない。

　ここで問題なのは，専門家集団に属しない者たちの意思表示をどう見るかということである。つまりは必ずしも厳密な科学的知見には達していないが，歴史的な経緯を経て地域に定着した知，すなわちローカル・ノリッジをどう活用するかということである。ここで問題は科学哲学的な文脈から離れ，社会技術

の局面に移行することとなる。

（2）社会技術

　実は社会技術も科学技術社会論研究の文脈から提起された概念である。周知のように科学技術は技術者のみがその意味内容を熟知しているのに対し一般の公衆はよく知らないため，新たに開発された科学技術のリスクを技術者が一般の公衆に向かって説明する場合，そこで使用されなければならない難解な専門用語を公衆に理解させ冷静に判断させる必要が出てくる。難解な科学技術の用語を一般的に理解させ普及させるために「社会のための科学技術」，略して「社会技術」が考案されたという経緯がある（小林他，2007，74-76頁）。他方で社会の安全と安心を確立させるためには，必ずしも狭い意味での科学技術のみを社会技術の対象に限定せず，社会科学や人文科学の知見を導入すべきだという意見も存在する（小林他，2007，205頁）。社会技術が活用されるべき分野として真っ先に挙げられるのは環境分野だが，これに劣らず防災対策でも社会技術が期待されている状況を踏まえ（小林他，2007，18頁），しばらくの間記憶に新しい東日本大震災の津波対策を例にして，社会技術を考察しておきたい。

　周知のように東日本大震災では東北地方の太平洋側に巨大津波が押し寄せて甚大な被害をこうむった。これを受けた津波対策を今後どうするかといえば，まず考えられるのは押し寄せた30メートル前後の津波より高い堤防，いわゆるスーパー堤防を建設するという方法である。しかし巨大な堤防を築いても想定外の事象は生じるものだし，そもそも建設のために巨額な費用がかかるという財源上の問題がある。だとすれば堤防の建設という科学技術的な解決法とは別に，巨大津波からの避難区域を設け，長期的な避難生活が可能とする行政的な整備も必要だといえる。もちろん避難区域を整備すれば堤防を築かなくてよいという話ではなく，堤防を築いたうえで避難区域を整備するという二正面作戦が必要である。ここで津波対策として科学技術と行政的措置という，それぞれ自然科学的分野と社会科学的な分野の解決法が提示されるわけで，堤防の建設のみを問題解決のための「技術」として限定する理由はなく，それゆえ行政的

措置も科学技術と並んで「社会技術」と称することができる。

　それでは，社会科学と較べてもはるかに「技術」から縁遠く見える人文科学も「社会技術」と呼べるのか。答えはイエスである。行政が避難区域を整備する場合でも，通常の日常生活が避難区域で送れるとはかぎらない。停電になり水道やガスが止まる事態も考える必要がある。そのときには付近の小川から水を汲み出したり，文明の利器からほど遠い技術を用いて火を起こしたりしなければならない。ここで民俗学や文化人類学，あるいは歴史学で研究される近代以前の知恵が「社会技術」として動員されるわけで，近代以前の文学もそういう知恵を含みいれた記録として解釈することができる。「社会技術」を論じる際に重要視されるローカル・ノリッジも，これと同じ文脈にある。

　こうしてみると，社会技術において見事に文理融合が達成されていることがわかる。堤防を築くのが自然科学系，避難所を整備するのが社会科学系，避難所生活の知恵が人文科学系で，いずれも「社会技術」である。そして堤防を築くだけでは，あるいは避難所を整備するだけでは，もちろん近代以前の知恵に頼るだけでは不十分であり，他の「社会技術」との組み合わせが必要になる。そしてどのくらいの規模の堤を築くのがいいのか，避難所における行政のサーヴィスはどの程度までか，近代以前の知恵はどの程度知っていいかを思案することが「技術の適正化」（鬼頭他，2009，176頁）と呼ばれるのであり，その適正さを考察するのが広い意味での「環境倫理」だと考えられる。

　なるほど防災対策の綱領を作成するのは詰まるところ行政なのだから，適正さを考察する環境倫理は環境政策学における単なる一分野だと見なされるかもしれない。けれども以下で取り上げるCSRと対比し，さらに先に言及した世代間倫理の視点を加味すれば，環境倫理は環境政策学において格別な意味合いをもつことがわかる。

5　将来の「環境倫理」

（1）CSR

　CSR は環境政策学ではすでに常識となっている用語だが，倫理学の分野ではまったくといっていいほど知られていないので，多少説明を施しておこう。CSR は原語の'Corporate Social Responsibility'の頭文字をとった略称で「企業の社会的責任」と訳される。その成立した歴史的経緯も説明しておこう。多くの企業が利潤追求第一主義を標榜してきたなか，一部の良心のある企業はこれまで，芸術・文化に対する助成を意味するメセナを含めた，フィランソロピーを企業の社会貢献として位置づけてきた。最近ではこうした有形の文化財保護にとどまらず，環境的・人権的価値を企業が追求すべきだという運動が生じつつある。これが CSR であり，同じことを金銭的な投資の側面からいいかえれば社会的責任投資（SRI = Socially Responsible Investment）となる。SRI においては短期的な利潤追求の投資ではなく，将来世代に伝えられるべき価値を保持するための長期的な投資が目論まれる。

　ここで注意しておきたいのは，企業の倫理性を考察する点で CSR は，先ほど応用倫理学を論じる節で扱った技術者倫理と同じように見えるものの，CSR や SRI の依って立つ原理が，生命倫理学に代表され技術者倫理でも重視される自己決定論と正反対の方向を向いているということである。たとえば生命倫理学では終末期の医療においては目前にある苦痛の除去が治療よりも優先されるのに対し，CSR は逆に短期的な収益を目的とするはずの企業がわざわざ長期的視座に立った経営計画を立てるよう仕向けている。

　それでは，短期的収益と長期的な計画の調整を企業はどのようにして行うのだろうか。そこで重要なのが，企業を取り巻くステークホルダーの調整である。改めて言うまでもないが，株式会社では個人投資家からの投資を受けてその代理人である経営責任者が会社を運営し，会社の得た収益が個人投資家への配当と会社の従業員への賃金に配分される。この配分をめぐってこれら 3 者は対立

するが，CSR はこれとは別に社会に対する積極的な貢献を視野に収めるべきだとする。なぜなら，企業が人権や環境部門において非倫理的な行動を取れば，社会的な批判を受けるのが必至だからである。それゆえ企業の経営責任者は，株主や従業員といった直接的な当事者だけでなく，企業外の顧客，仕入れ先，金融機関，地域社会，公共機関に対してもそれぞれの利害を調整しなければならない（南村，2004，92頁）。これらの利害関係者が等しくステークホルダーと呼ばれるのであり，そしてその利害を調整する仕事がステークホルダー・マネジメントと呼ばれる。

こうしてみれば，CSR の提唱するステークホルダー・マネジメントは科学技術社会論では見落とされがちな一般的な公衆に対する倫理的な関係を考慮したものだといえる。繰り返しになるが，科学技術社会論が想定する利害調整は最終的には企業と行政という，社会における役割が異なるものの専門家集団としては同じ集団の間でなされるため，ともすると一般市民が蚊帳の外に置かれてしまうのに対し，CSR は企業に直接関わる消費者等を広くステークホルダーと見なすことで，より包括的な倫理的視座を有しているといえるだろう。

けれども，企業の直接的な当事者以外の人々，つまり顧客，仕入れ先，金融機関，地域社会，公共機関がいずれも企業関係者と同様目先の利益しか追求せず，調整が難航することも考えられる。そういう場合に考慮されなければならないものこそが，環境倫理学を論じる折りに示した世代間倫理に他ならない。

（2）世代間倫理

世代間倫理は将来世代の倫理ともいいかえられることもあるが，いずれにせよ現在地球上には存在しないが将来に必ず存在する，われわれと同じ人類に対して責任を負うことを求める倫理のことである。問題はその「未来」はどのくらい先のことか，ということである。自分の子どもあるいは孫の世代を配慮するのは，自己決定論の範囲内で処理することは可能だが，ジョエル・ファインバーグ（Joel Feinberg）も指摘するように世代間倫理で想定されている将来世代は，存命中に本人がその顔を見ることができるぎりぎりの世代である（ファ

インバーグ, 1990, 139頁)。経験的にいうとそういう世代は, 曾孫の孫, いわゆる玄孫(やしゃご)に該当する。他方で欧米より我が国の方が長寿だということを考慮すれば, 玄孫の子である来孫(きしゃご)の世代まで考慮すべきだろう。そのうえで子, 孫, 曾孫, 玄孫という順に30年交替で次の世代が誕生するという具合に単純計算すると, 今から120〜150年後が世代間倫理で配慮されなければならない世代の生きている世界だということになる。

　それゆえ次の問題は, 長めに見積って現在 (2011年) より150年後の世界がわれわれにとって想像可能なのかということになる。そのためには参考までに, 今から150年前がどういう世界だったかを考える必要がある。具体的にいえば1861年の世界から現在の世界状況が推測可能かということである。話を日本国内に限定すれば, この年はまだ江戸時代で, 公武合体策の前提として孝明天皇の妹の和宮が第14代将軍徳川家茂に降嫁した年に当たり, しばしば小説やテレビドラマで話題になる坂本竜馬が世に出ようとした時期でもある。感じ方に個人差があることを認めたうえでいえるのは, 将来世代であるわれわれにとって1861年はさほど遠い時代でないということである。それゆえ1861年の時点にわれわれが立ったとして, そこから150年後の現在をどれだけ予想できるかを考えても, なるほど原爆投下や原発事故などは想像できないものの, 日本が開国の道筋をとって近代化に成功してもその弊害が後で現れるのではないか, ということは考えられそうである。

　しかもわれわれは過去の歴史についての教育を大なり小なり受けているのだから, 150年前の世界がわれわれとまったく無縁だと考えること自体が不自然である。たとえ学校で十分な歴史教育を受けていなくても, 親の世代や祖父母の世代の記憶は陰に陽に伝えられるものだろう。少し下世話な話になるが, かつて団塊の世代は若い時分に「戦争を知らない子どもたち」を歌って自分たちの世代の無垢さをアピールしたが, 今後原発事故の処理に数十年もかかることを勘案すれば, 震災後に誕生した世代が事故を知らないでいるわけにはいかない。むしろ若い世代ほど先行世代から受ける負荷を感じており, その感覚を延長することで自分たちより150年先の世代を配慮することが可能である。

強調しておきたいのは，こうした世代間倫理を論じる分野が社会科学寄りのCSRでも自然科学寄りの科学技術社会論でも技術者倫理でもなく，正真正銘の人文科学に属する倫理学のみだということである。先ほど社会技術を論じるに当たり，堤防を築く自然科学も避難所を整備する社会科学も，また避難生活の知恵を授ける人文科学も等しく「社会技術」と扱うべきだとしつつ，最終的な防災対策を講じるのは行政に関わる社会科学系だという言い方をしたが，さまざまな利害関係を求めるステークホルダーを調整する際には当事者の目前の利害を聞くだけでは不十分であり，世代間倫理を踏まえたマネージメントが必要となる。それゆえ今後の「環境倫理」は，CSRや科学技術社会論においても技術者倫理を介して技術者および企業関係者の倫理を涵養しつつ，世代間倫理を踏まえたステークホルダー・マネジメントをしたうえで，適正な社会技術を模索すべきだということになるだろう。

　［付記］本論は平成23年度科学研究費基盤研究(B)（一般）の成果の一部である。

参考文献
加藤尚武『環境倫理学のすすめ』丸善ライブラリー，1991年。
加藤尚武『現代倫理学入門』講談社学術文庫，1997年。
鬼頭秀一他『環境倫理学』東大出版会，2009年。
小林信一他『社会技術概論』放送大学教育振興会，2007年。
小松美彦「バイオエシックスの成立とは何であったか——人体の資源化・商品化・市場化の討究のために」『アソシエ』第9号，2002年。
日本技術士会環境部会訳編『環境と科学技術者の倫理』丸善，2000年。
ファインバーグ，J., 鵜木奎治郎訳「動物と生まれざる世代のさまざまな権利」『現代思想』11月号，1990年。
藤垣裕子『専門知と公共性——科学技術社会論の構築へ向けて』東大出版会，2003年。
南村博二『わたしたちの企業倫理学——CSR時代の企業倫理の再構築』創成社，2004年。

（菅原　潤）

索　引（*は人名）

A–Z

ABS　51
CAT　80
*Checkoway, B.　194
COP10　51
CSR　198, 207–209, 211
EPR　127
ESD　188, 189
EU-ETS　43
FIT　88
FSC　62
*Hadden, S. A.　194
IEA　40
IPBES　65
IPCC　37
IUCN　55
*Jasanoff, S.　195
NIEO　187
*Renn, O.　194
RPS　88
SRI　208
TDM　159
TEEB　60
UNEP　37
*Webler, T.　194
WMO　37

ア　行

愛知目標　51, 57
青森県青森市　153
アジェンダ21　4, 151
明日の由布院を考える会　78
新しい社会運動　132, 133, 134–138, 140, 141
あっせん　21
綾町　79
*アレント, H.　192
*淡路剛久　70

*アーンスタイン, S.　193
「一店一品」　80
遺伝資源へのアクセスと利益配分　→ ABS
*今井弘道　193
*ウィルソン, E. O.　52
ウィーン条約　3, 9, 36
影響着目型　181
永続エネルギー地帯　96, 97
エコツアーガイド　170, 174
エコツーリズム　165, 170, 171, 174, 177
エコツーリズム推進法　168, 172, 176
お団子と串の都市構造　156
*オムストロム, E.　69
オールボー憲章　152
温泉エネルギー　94
温泉リゾート開発　78

カ　行

買取価格　90
開発　180, 184, 190
開発と環境に関する国連会議　188
外部的なインパクト　71
科学技術社会論　198, 204–207, 209, 211
科学的不確実性　182, 191
拡大生産者責任　→ EPR
家族力　107
価値観　179–181
価値付加モデル　134
カーボンオフセット　45
ガラパゴス諸島　176
環境基準　20, 181, 183
環境基本法　4, 180
環境教育　172, 173
環境と開発に関する世界委員会（ブルントラント委員会）　3
環境と開発に関するリオ・デ・ジャネイロ宣言　4
環境の保全　180

索引 213

環境への負荷　181
環境保全機能　160
環境保全上の支障　180
観光立国推進基本法　165, 172
危機にさらされている世界遺産　175
気候変動に関する政府間パネル　→ IPCC
気候変動枠組条約　51
技術者倫理　202, 203, 204
逆潮流　91, 92
キャップ＆トレード方式　43
教育革命　131
行政訴訟　29
共同実施　38
共同貯蔵資源　70
京都議定書　37
京都メカニズム　38
共鳴性　136, 138
居住環境保全機能　160
クライメート・ゲート事件　47
クリーン開発メカニズム　38
グリーンニューディール　85
グローバリゼーション（グローバル化）　72, 101
グローバル・コモンズ　38
グローバル都市　73
景観保全機能　160
経済的手段　87
経済的手法　41
経路依存とイノベーション　70
原子力発電所　77
顕著な普遍的価値　167, 175
合意形成　178
公害苦情相談　22
公害等調整委員会　23
公害問題　179
公共圏　130
公共交通　149, 157
公共性　130
工場再配置促進法　73
工場等制限法　73
＊郷田実　79
交通弱者　150

交通需要マネジメント　→ TDM
公平性　190, 191, 192
合理的行為理論　136
顧客の創造　79
国際エネルギー機関　→ IEA
国際自然保護連合　→ IUCN
国際連合環境計画　→ UNEP
『国土交通白書』　67
国連人間環境会議　2
国連ミレニアム・サミット　188
国連ミレニアム生態系評価　54
五全総　73
国家賠償請求訴訟　30
固定価格買取制度　→ FIT
固定枠買取制度　→ RPS
個別リサイクル法　76
コミュニケーション的合理性　131
コミュニティ・ビジネス　109, 110
コモンズの悲劇　39
＊コンスタイザー, R.　70
コンパクトシティ　152

サ 行

再開発　156
差異化指向　103
財政破綻　151
財政負担　151
裁定　25-26
裁判手続　22
＊坂本義和　193
サステイナブルシティキャンペーン　151
SATOYAMA イニシアティブ　59
サプライチェーン　76
参加　184, 192, 193, 195
3地帯の都市構造　154
市街地　153
資源動員論　134-138
資源有効利用促進法　76
自然エネルギー　82
自然環境資源　174
自然観光資源　166
自然資本　70

持続可能な開発　172, 184, 188, 190
持続可能な開発のための教育　→ ESD
社会技術　198, 204-207, 210-211
社会資本　69
社会的価値　159
社会変換　115, 123
借家　149
集合行動論　133, 135, 137
15大都市　68
囚人のジレンマ　136
手段　147
シュツットガット21　139
受容の能動化　93
循環の町づくり　117
小宇宙システムとしての近代家族　103
小宇宙システムとしての現代家族　104
小規模・分散エネルギー　91
小規模バイナリー発電　96
消費者市民　113
消費者市民社会　112, 113
情報化　101
縄文杉　167, 168, 169
照葉樹林文化　79
昭和の町　80
食育基本法　74, 77
食料・農業・農村基本法　77
食料・バイオマス生産機能　161
食糧難民　108
ジレンマ　176, 177
人口移動　67
人口集中地区　147
死んだ自然　72
神野直彦　71
森林管理協議会　→ FSC
＊スクデフ, P.　60
＊スターン, N.　45
　スターン・レビュー　45
　ステークホルダー　208
　ステークホルダー・マネジメント　198, 209
　ストック活用　163
　ストックされる環境破壊　71

スマートグリッド　91, 94
＊スメルサー, N. J.　134
生活リスク　100, 107
生産者と消費者の共生　100
政治的機会構造　137, 138, 142
生態系サービスへの支払い（PES）　61
生態系と生物多様性の経済学　→ TEEB
制度設計　178
生物・生態系保全機能　160
生物多様性および生態系サービスに関する政府間科学政策プラットフォーム　→ IPBES
生物多様性国家戦略　58
生物多様性条約第10回締約国会議　→ COP10
世界遺産条約　175
世界気象機関　→ WMO
世界自然遺産　166, 170
世代間倫理　202, 209, 210-211
全量固定価格買取制度　82
双方向のネットワーク　91

タ 行

第三次環境基本計画　74
大気保全機能　160
滞在型保養温泉地　78
大衆消費社会　101
対象　147
第二次循環型社会形成推進基本計画　74
第四次全国総合開発計画　72
＊ダスグプタ, P.　74
脱物質主義　133
＊ダール, R. A.　192
地域格差　73
地域空間資本　69
地域計画　146
地域経済　177
地域コミュニティの衰退　67
地域再生計画　74
地域再生新戦略　72
地域再生法　74
地域資源　82, 87

索引 215

地域住民　166, 178
地域循環圏　75
地球サミット　3, 37, 51, 55
地熱大国　94
仲裁　21
中心市街地の活性化　154
長期定着人口の減少　68
調停　21
土保全機能　161
＊鶴見和子　189
低炭素社会　83
デジタル・グリッド　93
デポジット　127
典型7公害　20
伝統的知識　57
電力系統　92
動員構造　137, 138, 142
同質性　92
同時同量性　92
＊トクヴィル，A. de　74
特定自然観光資源　174
独立採算原則　158
都市環境緑書　151
都市計画総括図　145
都市の成長管理　147
都道府県公害審査会　22-23
富山県富山市　155

ナ　行

＊中尾佐助　79
永田浜　169
名古屋議定書　51
21世紀環境立国戦略　75
入山規制　167
人間環境宣言　186
ネットゲインの原則　62
農　162
農業振興　116
＊ノードハウス，W.　48
ノーネットロスの原則　62

ハ　行

バイオーム　53
バイオプロスペクティング　56
バイオマス系資源の循環　76
排出量取引　38
バイパス　149
＊ハーヴェイ，D.　69
パーク＆ライド　159
バーゼル条約　13-5
発展の権利　188
＊パットナム，R.　69
＊ハーディン，G.　39
＊ハーバーマス，J.　130, 131, 132, 192
判決手続　28
東日本大震災　77
微気象緩和機能　160
ピグー税　42
人並み指向　101
費用便益分析　47
昼間人口の減少　68
フリーライダー　63
フレーミング　137, 138
フレーム　136
ブレトンウッズ体制　184
フロー創出　163
プロシューマー　87, 90, 92
豊後高田　80
ポーター仮説　40
保健休養機能　160
ポスト消費社会　103
ホットスポット　52
ポリシー・ミックス　42

マ　行

町づくり　115, 116
町づくり条例　78
＊松下圭一　193
＊マルクス，K.　133
マルクス主義　133, 135, 137
水保全機能　160
民事訴訟　28

無謬性　191
目的　147
持家　149
＊諸富徹　72
モントリオール議定書　3, 9, 36

　　　　ヤ　行

屋久島　165
屋久島憲章　171
屋久島地区エコツーリズム推進協議会
　　173
屋久島町エコツーリズム推進協議会　173
山との共存　79
湯布院　78
用途地域　156
欲望に抱かれた暮らし　107
予防原則　49

　　　　ラ・ワ行

ライフコースの安定　87
ラムサール条約　58
利害関係者　183
リスク　182
料金上乗せ方式　90
緑地　160
レッドリスト　55
六次産業化法　74
六次産業化法　77
＊ロストウ，W. W.　189
ローテーション制　132
ロードサイド型商業地　149
ロンドン条約　118
ワシントン条約　3, 9-13, 37, 58
割引率　47

執筆者紹介（執筆順，執筆担当）

姫野　順一（ひめの・じゅんいち，長崎大学大学院水産・環境科学総合研究科）はじめに，第5章
菊池　英弘（きくち・ひでひろ，前・長崎大学大学院水産・環境科学総合研究科，現・内閣参事官房）第1章
小林　　寛（こばやし・ひろし，長崎大学大学院水産・環境科学総合研究科）第2章
吉田謙太郎（よしだ・けんたろう，長崎大学大学院水産・環境科学総合研究科）第3章・第4章
小野　隆弘（おの・たかひろ，前・長崎大学大学院水産・環境科学総合研究科）第6章
谷村　賢治（たにむら・けんじ，長崎大学大学院水産・環境科学総合研究科）第7章
中村　　修（なかむら・おさむ，長崎大学大学院水産・環境科学総合研究科）第8章
保坂　　稔（ほさか・みのる，長崎大学大学院水産・環境科学総合研究科）第9章
渡辺　貴史（わたなべ・たかし，長崎大学大学院水産・環境科学総合研究科）第10章
深見　　聡（ふかみ・さとし，長崎大学大学院水産・環境科学総合研究科）第11章
早瀬　隆司（はやせ・たかし，長崎大学大学院水産・環境科学総合研究科）第12章
菅原　　潤（すがわら・じゅん，長崎大学大学院水産・環境科学総合研究科）第13章

地域環境政策

2012年4月30日　初版第1刷発行　　〈検印省略〉

定価はカバーに表示しています

編　　者　環境政策研究会
発行者　杉田　啓三
印刷者　江戸　宏介

発行所　株式会社　ミネルヴァ書房
607-8494 京都市山科区日ノ岡堤谷町1
電話代表（075）581-5191
振替口座 01020-0-8076

© 姫野ほか, 2012　　共同印刷工業・新生製本

ISBN978-4-623-06357-4
Printed in Japan

▎自然の権利──環境倫理の文明史

R. F. ナッシュ著, 松野　弘訳　Ａ５判　366頁　定価4200円

●アメリカ自由主義思想の潮流にのっとりながら, 伝統的な人間の利益を超越する生命共同体概念として発展してきた環境倫理や環境思想が生まれた背景と, その果たした役割, そして, 自然自身の固有の権利に関する様々な議論の展開を, 歴史学者の目から冷静に, かつ, 客観的に叙述する。

▎よくわかる環境社会学

鳥越皓之・帯谷博明編著　Ｂ５判　210頁　定価2520円

●人間の活動をとりまく多様な環境を対象とする環境社会学への入門書。さまざまな事例に基づいて対象の広さから研究の方法までを詳しく, 原則見開き２頁でわかりやすく解説する。

▎現代世界経済叢書

（全８巻, 各巻定価3360円）

●各地域経済の現状と課題を, 一冊でわかりやすく解説。各巻に統計, 関連年表, 索引を掲載, 利用のしやすさにも配慮し, 入門書としてはもちろん, 関連諸分野の参考書としても最適。

1　日本経済論　　　植松忠博・小川一夫編著
2　中国経済論　　　加藤弘之・上原一慶編著
3　アメリカ経済論　村山裕三・地主敏樹編著
4　アジア経済論　　北原　淳・西澤信善編著
5　ヨーロッパ経済論　田中友義・久保広正編著
6　ロシア・東欧経済論　大津定美・吉井昌彦編著
7　ラテンアメリカ経済論　西島章次・細野昭雄編著
8　アフリカ経済論　北川勝彦・高橋基樹編著

──── ミネルヴァ書房 ────

http://www.minervashobo.co.jp/